印刷数字化智能化
技术研究与应用探索

齐元胜◎编著

YINSHUA SHUZIHUA ZHINEN
JISHU YANJIU YU YINGYONG

U0340220

文化发展出版社
Cultural Development Press
·北京·

内 容 简 介

本书内容涵盖从行业宏观规划到中观体系，再到微观工艺技术环节，从印刷行业政策到数字化智能化体系，再到关键技术和应用探索。本书对印刷行业转型升级具有较强的指导意义，可以为印刷包装行业工程技术人员和管理人员提供技术和方法指导，并作为行业的参考用书使用，也可以作为印刷包装智能制造专业的大学生和研究生的参考书目。

图书在版编目（CIP）数据

印刷数字化智能化技术研究与应用探索 / 齐元胜编著. — 北京 ：文化发展出版社，2022.11
　　ISBN 978-7-5142-3851-8

　　Ⅰ．①印… Ⅱ．①齐… Ⅲ．①数字印刷－研究 Ⅳ.①TS805.4

中国版本图书馆CIP数据核字(2022)第197512号

印刷数字化智能化技术研究与应用探索

编　　著：齐元胜

出 版 人：宋　娜
责任编辑：李　毅　　　　　　　责任校对：岳智勇
责任印制：邓辉明　　　　　　　封面设计：盟诺文化
出版发行：文化发展出版社（北京市翠微路2号 邮编：100036）
发行电话：010-88275993　　010-88275710
网　　址：www.wenhuafazhan.com
经　　销：全国新华书店
印　　刷：北京虎彩文化传播有限公司

开　　本：710mm×1000mm　　1/16
字　　数：305千字
印　　张：16.25
版　　次：2023年1月第1版
印　　次：2025年1月第2次印刷

定　　价：58.00元
ＩＳＢＮ：978-7-5142-3851-8

◆ 如有印装质量问题，请与我社印制部联系　电话：010-88275720

　　印刷工业是极少数由中国人的原始发明在全球形成的巨大产业，对中华民族来讲，它关乎的不仅是经济问题，更承载着中华文明和中华民族的自豪、自尊。同时，印刷工业既与国民经济各行各业息息相关，又与文化和意识形态紧密相连，其水平关系国家政治安全、文化传承、知识传播、信息交流、工业进步、商业繁荣、人民生活便利幸福。因此，工作在印刷工业战线的同志们有责任、有义务把它建设好、发展好，使其尽快走在世界前列，不断为中华民族复兴做出更大的贡献。

　　改革开放四十多年来，我国已发展成为印刷大国，但还不是印刷强国。在"十四五"期间或者更长一段时间，我国印刷工业将不断向自动化、智能化、绿色化的广度和深度进军，以加快印刷强国建设进程。在这一进程中，充分运用好信息技术、网络技术、数字技术是关键，挑战巨大，且具有艰巨性和长期性，需要全行业同人共同努力，产学研用协同发力。

　　《印刷数字化智能化技术研究与应用探索》一书汇集齐元胜教授研究团队多年的研究成果，涵盖了印刷行业发展政策、印刷数字化智能化体系、印刷元宇宙生态模式、印刷智能制造理论内涵、印刷数字化智能化关键技术、印刷智能工厂规划、关键技术应用、行业典型应用案例等丰富的内容。

　　齐元胜教授是教学和科研兼优的学者，他长于思考，深入实际，十分关注印刷行业的发展进程，多年来带领他的团队对印刷行业前进中的难点、热点、焦点问题进行了大量的调查研究和多方位、多层面的思考，提出了许多有价值的看法、建议和解决方案。本书汇集了他们在印刷行业自动化、数字化、智能化方面的研究成果，相信本书的出版将对推动印刷业创新发展起到有益的指导作用。

　　欣闻本书即将出版，特写下这篇文字以表达致贺之意。

中国印刷及设备器材工业协会

理事长　王文斌

2022 年 8 月

随着第四次工业革命的到来，以信息技术、数字化、智能化技术等为代表的新一代技术革命对产业变革产生了重大的影响。我国经济由高速发展时代进入了高质量发展时代。

印刷术是中国古代四大发明之一，印刷对中华文明的传承起着巨大作用，印刷产业是个既古老又年轻的产业，与老百姓的生活息息相关。经过多年的发展，我国印刷产业由小到大，已经成为世界印刷大国，近几年每年产值均超过1万亿元，从业人员260多万人，企业数量9万余家。但是我国印刷行业还存在着很多问题：企业大而不强，规模普遍小、分散；企业技术参差不齐，劳动力密集，生产效率和质量有待提高；关键技术受制于人，信息化、数字化水平低等。中国印刷行业"十四五"规划、中国印刷工业协会"十四五"规划、中国包装联合会"十四五"规划都明确指出了印刷要向数字化、智能化方向发展。进入高质量发展时代，印刷产业急需转型升级，面向"工业4.0"的机遇和挑战，探索新的高质量发展模式，其中，印刷数字化和智能化技术是关键。

作者研究团队长期以来围绕印刷行业开展产学研合作和关键技术研究，特别是近十年围绕数字化、智能化开展了大量的技术研究和产学研合作。本书汇集北京印刷学院智能制造团队多年的研究成果，从行业宏观规划到中观体系再到微观工艺技术环节，从印刷行业政策到数字化智能化体系、生态模式、理论内涵、行业标准、关键技术、印刷智能工厂规划、数智化应用探索、行业典型案例等，本书的内容多数来源于在印刷行业相关的期刊和报纸上已经发表的作品。

目前行业数智化这方面的参考书籍还很少，多涉及汽车、电气、材料等其他领域，对于印刷行业的指导性不强，行业内有不少朋友期待或正在寻找这样的著作来开展数字化和智能化实践，相信本书的面世会起到一定的指导作用，以飨广大行业同人的期盼，指导行业数智化转型升级。

全书由齐元胜负责统筹和梳理，感谢翟铭、赵世英、张勇斌、王晓华、张皓、杨文杰等老师和杨思佳等研究生的支持。非常感谢行业协会及在本书写作过程中给予指导和帮助的朋友，在此表示深深的谢意！

印刷行业数字化、智能化过程是一个系统工程，需要全行业的同人一起努力。本书作为技术应用探索，希望以此为契机引起全行业的重视，由于成书时间比较仓促，还有不完善之处，期待后面不断探索提升。相信在国家、有关部门、行业、企业、高校及科研院所等行业同人的共同努力下，一定能实现印刷强国的目标！

齐元胜

于北京印刷学院

2022 年 8 月

目 录
CONTENTS

第一部分

面向"工业4.0"的我国印刷及
装备产业现状及展望

1.1 "工业 4.0"生态系统技术支撑和社会参与 ①

一、技术支撑

1. 多学科多技术需求

"工业 4.0"是多门学科以及多种技术的相互融合,加快工业革命发展进程必然需要多种技术突破理论发展以及实践应用的"瓶颈",同时解决多技术融合难题。中国在加快实施"中国制造 2025"的过程中,大力推动传统生产制造行业向智能制造转型,技术的升级换代迫在眉睫。智能制造的一项优势在于将需要人工处理的数据进行数据分析以及对人工智能算法进行"机械化""模式化"处理,几乎彻底实现计算机代替人脑。机器在学习的过程中需要进行高强度的计算,这对于机器的计算能力以及算法的可应用程度提出了巨大挑战。此外,在生产过程中会遇到各种全新的问题,如机器的学习能力能否满足充分的自主学习能力,并可以成功形成"机械"记忆,处理后续遇到的相同问题。这对于人工之智能的先学习能力提出了挑战。工业生产对于周期性有一定的要求,当企业经历长期生产后,会有大量的生产数据需要进行存储。当有数据需求的时候,为及时解决生产问题,需要参照以往生产数据,这就需要进行数据的快速读取。数据存储和读取系统是整个生产系统必不可少的模块。虚拟现实技术在远程问题以及建立模型上有明显的优势,可以做到实时观察生产状况以及生产故障,并可以作为生产监督的重要手段,从而能够快速反应调整生产状态,但是在应用过程中需要确保稳定性以及与设备的结合应用。

2. 硬件建设需求

以德国为例,德国是世界上生产制造业最发达的国家之一,是"工业 4.0"概念的提出者和先驱者,但关于"工业 4.0"的建设同样也存在着诸多问题,智

---

① 此文刊载于《智能制造》2020 年第 5 期,作者:刘世禄、齐元胜、李欣。

能化升级换代进程步履维艰。具体表现如下：

（1）现有生产模式完全能够满足用户需求，企业不愿投入资金进行升级改造。

（2）物联网和智能制造无一不需要应用互联网，当封闭生产网络升级为在线公共网络的同时会带来严重的网络安全问题。

（3）信息等基础设施不完善，很多的信息传输和通信需要 5G 技术的支持，但现有基站建设以及覆盖能力远远不足。

传统生产企业更新换代过程中，多方面需要进行硬件升级，包括但不限于以下硬件需求：数据存储相关设备、数据传输相关设备以及为适配智能生产进行升级的新生产设备。除以上企业内部硬件需求外，某些情况下还会需要其他硬件配套设施。若需要利用 5G 传输，那必须要进行 5G 信号的覆盖。目前 5G 基站建设仍在进行中，只有部分区域完成了基站建设以及 5G 信号覆盖。这样来看，传统生产企业的智能化生产转型需要企业与国家以及社会同步升级完成。

对于中国的智能化发展进程，目前在很多方面已经具备了相关建设的基础条件。首先，在国家政策的大力支持下，5G 基站已经在很多区域投入运行，5G 通信传输已经成为现实。其次，中国物流行业的蓬勃发展为智能化生产过程中产品的原材料输入和输出提供了有力保障，当物流企业与生产企业完成"统一 USB接口对接"便可实现实时线上监督的智能物流功能。此外，部分德国的工商业尝试建立一个框架来满足未来经济符合社会主义市场经济需求，而我国市场正是社会主义市场经济，从大层面满足这一需求。既有上层统一管理组织规划发展，又能够充分发挥市场开放的自我调节、自我进步的能力。

3. 安全和安保

"工业 4.0"概念下的物联网和智能制造，意味着企业的生产、经营、物流等均需上网，在直接对接市场和客户、令生产与销售各环节信息无缝对接的同时，也面临较大的网络风险，一旦受到区域性的网络攻击就可能导致生产的瘫痪[①]。"工业 4.0"模式下的生产，需要互联网技术更加强力的支持。新的数据安全存储以及新的数据安全传输对传统网络安全防护提出巨大挑战，安全生产必须要确保网络安全，形成内部网络与公众网络安全对接。不同的利益相关者（生产相关者）在生产过程中，必定会通过网络进行资源和数据的共享以及互操作，所有相关者的相互操作均有可能会产生冲突和信息泄露的风险。在面临风险的同时，复杂的、分散交叉的互操作组织结构需要具有高水平的互操作性。而且，企业、员

---

① 董一凡 . 德国"工业 4.0"步履维艰的启示 [N]. 环球时报 , 2019-12-26(014).

工以及个人将在未来越来越需要依靠网络的安全性来保护他们的数据，即便在存储上是"公开的"，但是在没有得到正式授权的情况下，必须禁止一切可能的方式对数据进行访问。

4. 技术开发与更新

"工业 4.0"是发展中的 4.0，并不是一个固定的生产模式。在新的技术不断出现与设备能够更好地适配从而满足智能化生产、更加符合生产力要求、更加满足用户需求的情况下，企业以及市场要调整长期发展规划，及时更新技术以及设备，完成产品的进一步更新换代。

二、社会参与

1. 标准的制定

技术发展成熟的一个标志就是标准的制定，可能是行业标准也可能是国家标准甚至是国际标准。智能化生产的相关技术不断发展和升级的过程中需要不断制定并完善从而"约束"制造行业更加快速地共同发展，即"'工业 4.0'的USB 标准"，完成企业对企业、企业对客户等接口对接。中德智能制造 /"工业 4.0"标准化工作组的相关工作对于"工业 4.0"的快速发展具有重要意义。

产品生产的标准对于某一特定产品具有重要作用。智能制造的生产制造模式之一便是满足用户个性化生产——定制。由此可见，制定生产标准有利于进行日常的生产制造，但是标准不能够作为一成不变的定律，不能令产品生产受制于生产标准。

2. 规章制度

2019 年 10 月 31 日，中国工程院院士、浙江大学区块链研究中心主任陈纯教授在接受"21 世纪经济报道"等媒体采访中提出"区块链 +"最为重要的应用空间是工业制造领域，应当受到政府、工业企业和信息产业部门的格外重视和关注 ①。生产方式的升级换代会令部分利益结构重新组建，多个利益相关方需要平等的发展机会和生产条件，需要在企业、地区、国家、国际等进行多级别管理，构建全新管理框架，确保不法分子无机可乘，利益相关者正确发展，充分保证从个人、小集体到生产系统的各方面利益。

---

① 唐波，陈俊伶 . "工业 4.0" 尚需三大政策法治保障机制 [J]. 人民法治，2019(22)：26-28.

三、合理性发展

1. 更好的工作待遇和发展前景

生产力的发展是持续的,"工业4.0"的实现还需要不断发展。生产的进步离不开个人脑力劳动的支持。提高相应工作的待遇,提升相关毕业生就业待遇,甚至从根本上适当调整人才的培养计划都是有必要的做法。只有不断提高劳动人口的教育水平和知识水平,才能为生产力提高提供稳定的基础。也就是从根本上令生产者的知识水平适应生产力要求的可行方法之一是适当修改高学历人才的培养计划以及进一步加强对工作实践型人才的培训。

2. 社会的参与和监督

经济生产不仅要促进经济的发展还需要满足社会的发展,当二者发生冲突时,首先应当满足社会的发展需要。"工业4.0"代表了整个社会生产的转型升级过程,最终需要在整个社会的范围内形成生产生态系统(以国家为单位,甚至是构建全球生产生态系统)。这个过程中,社会的参与必不可少。应当建立相应级别的专职部门直接进行管理和调节,禁止各种良莠不齐的发展苗头在市场中如散沙般存在。

此外,生产方式的变革会为利益相关者带来深刻的变化,也会令利益结构重新调整。当然最终的目标是适应和提高整个社会的生产能力。但仅仅是经济利益的提高并不能够代表整个社会的进步,生产变革过程中应当由社会(或者政府)进行监管,杜绝出现为经济效益而完全摒弃社会效益的"新"生产模式,防止"工业4.0"中充斥"慢性病态生产"。

3. 零污染式可持续生产

实施可持续发展战略,有利于促进生态效益、经济效益和社会效益的统一。"工业4.0"设想是先进的生产模式,也是绿色发展可持续生产的制造模式,更是生产制造业的一个大的生态系统。生态系统需要持续稳定的运行就需要输入和输出平衡。在机器代替人工的过程中,不可避免地产生难以回收和处理部分生产垃圾的问题。在生产的过程中,不能够只考虑产品的销售物流,也可以将废料进行"智能化物流"处理,自动收集废料、自动运输废料、自动完成废料的交易。真正实现原材料输入后零污染输出才是真正的可持续性长久生产。

"工业4.0"虽然已经提出了多年,但新兴技术发展的成熟程度以及与经济生产的适配程度有待考量,部分企业已经开始进行尝试性升级换代,如建立智慧生产试验工厂、建立智能制造生态园等。但社会主义市场经济发展有其自身调节规律，不能够强求所有企业直接进行升级换代，尤其是中小企业，可能在资金上就不能够承受升级换代的压力和风险。所以，企业要根据实际发展情况调整生产策略。当然，首先进行升级换代的企业也会成为"第一个吃螃蟹的人"，在增加投入承受风险的同时会最先获得智能制造以及智慧生产带来的经济效益。

"工业4.0"才刚提出不久，已经有部分理想主义者畅想"工业5.0"的发展。实际上，目前并不需要进行过于远瞻性的猜想。截至目前，绝大多数的工业生产还处于3.0时代，4.0时代刚刚开启，应将精力用来发展当今工业生产。

1.2　我国印刷行业数字化智能化研究及应用进展 ①

一、我国印刷行业的现状

印刷行业如何打破原有的产业模式并向智能化转型，无论是对企业还是高校都是一项挑战性很强的研究。行业向着更高层次的智能化方向发展的脚步从未停止，这一趋势的核心驱动力可以从三个方面来考虑。

第一是从经济体发展的自身情况而言，目前我国印刷行业规模已居世界第二位，2018年产值达到人民币1.2万亿元，企业数量9.8万余家，从业人员接近300万人，数量虽然庞大，但行业整体处于价值链的中低端，劳动力密集，人均效率低。国内百强印刷企业和美日等发达国家相比，仍然处在大而不强、缺乏自主创新意识与创新能力、高端设备依赖进口的状况。

第二是从市场需求的角度而言，随着中国人口红利的逐渐消退和劳动力成本的不断上升，以及社会保障体系的逐渐完善，个性化、多样化、网络化消费给印刷行业带来了巨大挑战，传统的生产模式已经很难适应市场，企业必须进行转型升级，追求高质量发展，而实施智能化是必由之路。

第三是从行业的区域分布和发展上看，印刷行业的主要分布区域在不断变化，随着产业升级和转移、国家环保治理要求的变化，从珠三角地区、长三角地区、京津冀逐渐向中西部转移，在安徽合肥、河南郑州、湖北武汉、湖南长沙、四川成都等地，印刷产业逐渐升温。在这样一个变化过程中，能够实现全范围的智能化从而减少市场地域的影响，也是行业的需求之一。

当前国内外印刷行业智能化应用已经取得了一些阶段性成果。在国际上，德国海德堡印刷设备有限公司设计了 Versafire 数码印刷系统，这套系统可以借助

---

① 作者：齐元胜。

印前处理所得数据，通过比对计算机数据库，制定工艺流程，自动选择不同的印刷设备。日本凸版印刷株式会社利用 ZETA 技术开发人工智能物联网解决方案，致力于实现工厂设施和设备的无人异常检测和故障预测。德国曼罗兰公司设计了 Printnetwork 印刷系统，提供全流程的自动化解决方案，整体方案包括了从印前准备到流程设计、色彩管理、在线检测、印刷质量管控等全套模块。

在国内，广东鹤山雅图仕印刷有限公司、北京盛通印刷有限公司、广东中荣印刷集团股份有限公司、北京华联印务有限公司、安徽新华印务有限公司、西安环球印务有限责任公司等对数字印刷车间建设做了尝试，有的尝试已经较有成效。

行业内部分公司和高校开展智能化研究和项目实施，如北京印刷学院率先开启了可申请硕士学位的印刷包装智能制造在职研究生教育，建立了智能制造实验室，开展智能工厂规划和系统研究；西安理工大学在云平台技术上进行研究；在中央宣传部印刷发行司印刷处协调下，中国印刷科学技术研究院发起组织成立了中国印刷智能制造产业联盟，北京盛通印务有限公司建立了"一本书"智能测试线；北人智能装备科技有限公司、陕西北人印刷机械有限责任公司、天津荣联汇智智能科技有限公司、北京万邦科技有限公司、北京悟略科技有限公司等在软件和集成方面承接改造项目，应用于胶印和包装印刷数字车间。

通过中国知网检索到 120 篇印刷智能制造及关联技术的文献，对检索结果进行大数据分析，具体情况如图 1.2.1 所示。从课题支持情况来看，重大课题及省部级基金以上支持的项目少，只占文献数量的 4.5%，可以看出国家对印刷行业的智能化转型实际支持力度有待提升。根据目前情况，关于整体架构方案的研究少，现有成果偏向于分析和局部化，研究得比较浅，深度不够，根据检索期刊来源可以发现，核心期刊较少，发明专利较少。大多数文章是介绍性和综述性的，关键技术和体系架构研究得少。

检索发现的关注度领域如图 1.2.2 所示，主要以印刷产业、印刷机械、中国制造、人工智能、制造执行系统、物联网、智能化建设为主，反映了对这方面的关注度；研究机构方面则不多，主要以北京印刷学院的文献居多，国家新闻出版署和行业协会的引领作用有待提高。

检索到与印刷智能制造相关的软件著作权有 93 项，主要集中在操作系统和商务（贸）软件方面，计算机辅助设计类和底端控制软件占比少，印刷智能制造相关的管理集成类软件较多，核心专利的研究接近空白，企业资源管理的软件占比大，客户关系管理方面的软件著作权和全生命周期管控方面的软件著作权占比较小，如图 1.2.3 所示。

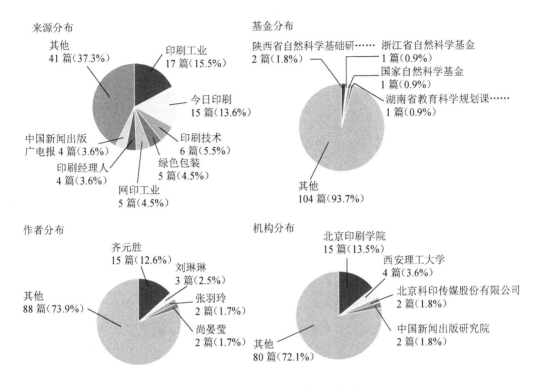

图 1.2.1 当前学术成果的基本信息占比

图 1.2.2 当前学术成果的领域分布

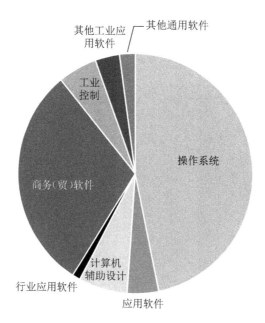

图 1.2.3　现有印刷智能类软件著作权的分类

　　行业外对智能制造有一定的研究，但结合到行业需要进一步的深入研究，特别是国外相关技术不一定适合中国国情，中国印刷企业有自己的企业文化和行业特点、管理模式，实施印刷智能制造必须立足国情，发展具有中国特色的印刷智能制造。

二、目前印刷智能化面临的问题

　　从长远角度和整体布局方面来看，实施印刷智能制造面临着三个艰巨的挑战：与国外先进企业相比，我国尚未建立系统的标准化体系，信息孤岛现象严重，质量在线追溯水平低；我国精益化程度低、员工劳动强度大，作业环境差；我国协同设计与协调制造等方面与发达国家存在较大差距，造成重复建设与资源浪费。

　　目前实施印刷智能制造存在的问题如下。

　　行业自身存在问题。单位产品的附加值较低、原料占用空间较大、市场数据更新速度慢、生产管理大多以碎片化进行，决策响应不及时，无法实现高效率快节奏的个性化柔性化生产。

　　国内外存在的局限性和问题。国外厂家生产系统装备了信号采集模块，但只应用于本公司的单机产品，对其他机器和用户开放度不够，因此工艺参数在工艺链条上产生的影响缺乏判断。国内的智能工厂体系架构还停留在车间级别和企业内这一层，系统性和集成性有待提升。虽然在物料转运、印后和物流方面作了集成，但在工艺参数智能感知方面只是停留在原来信号检测的基础上，其MES信号来源缺乏智能和预判性，产业资源利用方面仅限于用ERP进行信息汇总和传递，在利用网络协同管控方面还处于探索阶段，没有数据模型和分析，导致决策不科学。

三、印刷智能制造的模式

2018年，工业和信息化部组织专家从109个国家智能制造试点示范项目中，总结了9种典型智能制造模式，具体包括：以满足用户个性化需求为引领的大规模个性化定制模式；以缩短产品研制周期为核心的产品全生命周期数字一体化模式；基于工业互联网的远程运维服务模式；以供应链优化为核心的网络协同制造模式；以打通企业运营"信息孤岛"为核心的智能工厂模式；以质量管控为核心的产品全生命周期可追溯模式；以提高能源资源利用率为核心的全生产过程能源优化管理模式；基于云平台的社会化协同制造模式；快速响应多样化市场需求的柔性制造模式。印刷行业为典型的离散型制造业，制造模式可以根据企业特点和产品在上述9种模式中选择，印刷行业智能制造模式可以侧重选择大规模个性化定制模式、全生命周期可追溯模式、快速响应多样化市场需求的柔性制造模式等。

四、印刷智能制造的规划

1. 印刷智能制造的规划步骤

"中国制造2025"指出中国制造战略发展分三个阶段：数字化、网络化、智能化。对于印刷行业来说，行业的实际情况是还存在大量的人工工作，与大量的电气自动化和数字化程度还有一段距离。因此，本文认为印刷智能制造需要分四个阶段：自动化/数字化—数字化—网络化—智能化。

印刷行业智能化的实施步骤分为四步。第一步是现状评估，即对企业进行针对分析和对工厂的现状与应用能力进行评估，评估出所处阶段和将要进入的阶段；第二步是业务改进，通过自我评估明确下一阶段的目标，包含企业管理的改进和智能工厂的关键系统需求；第三步是具体措施的规划，构建一个完整的智能工厂规划；最后一步是具体措施的落实与实施，这是整个流程体系中的重点，包括制订详细的实施计划、根据实际反馈进行动态调整、建立完整的智能工厂管理制度和信息安全体系等。

2. 印刷智能制造的集成

进行实施智能化模式研究，针对印刷企业的不同的类别，按照胶印、凹印、柔印、丝印等印刷方式，对单张纸、卷筒纸、薄膜、瓦楞纸、标签等产品类别进行研究，分门别类地研究生产组织、运行管理、经济效益等，根据其中的智能化具体情况，以及自动化数字化水平，企业的组织结构、设备工艺布局、厂房的布置、环境等，总结智能化模式，特别是针对中小印刷企业的模式。

中国国情决定了我国印刷行业实施智能化应采用小步快走，多模式并存，分节段实施策略，引导中国印刷企业的自动化、数字化、智能化进程。一些开发投资小、见效快、使用方便的工业 App，可以提高生产作业效率、消除人为影响因素。

实现智能工厂的第一阶段是"透明工厂"，即生产负责人能够随时了解车间的情况。第二阶段是"快速响应的工厂"，即处理已采集的数据并正确显示以便在车间有任何变动情况下快速识别负面效应，对车间中断作出快速响应并采取定向措施，该阶段是非常重要的。第三阶段是"自主调控的工厂"，基于已实现的快速响应完善各个生产流程的内部标准。第四阶段是"有效互联的工厂"。该阶段考虑相关的生产流程和 PLM、能源管理和工厂管理等各个系统。

五、2021 年印刷业发展的亮点

在绿色化方面，实施绿色印刷，印刷用绿色环保材料使用进一步扩大，以纸代塑，促进相关印刷工艺改进，VOC 治理形成成效显著。部分企业入选省部级绿色印刷工厂，如北京新华等。

在印刷数字化和数字印刷方面，数码印刷迅猛发展，特别是喷墨印刷在纸制品印刷领域得到应用，国产集成喷墨印刷技术逐渐成为主流。在印刷工艺流程方面，印刷质量检测和品质管控，从离线逐渐转向在线检测，并不断扩大。

在智能化车间方面，企业在印后包装自动化、立体库应用加大，提高生产效率和管控水平，如中山中荣、天津海顺、安徽新华华联、北京华联、裕同科技等。

总之，印刷业进入高质量发展阶段，在内外循环，双减政策、双碳目标等方面，面临着巨大挑战和机遇，全行业需抓住机遇，迎难而上，转型升级正在当下。

六、结论与展望

笔者认为印刷智能制造未来发展的趋势为：绿色化、生态化，更加注重环保和生态平衡，实现生产过程绿色化，实现无或零污染物排放，产品对人体和环境没有副作用，资源利用率高；全产业链、可追溯，更加注重产品全链条的各阶段，实现产业上下游一体化和产品的全生命周期内可追溯；个性化、人性化，更加以人为本，能够满足客户个性化、多样化、小批量需求，满足人民的美好生活需要；高度智能化，在新一代人工智能技术的支撑下，实现自感知、自调整、自组织、自维护。

1.3　2015—2019 年印刷机械行业发展情况综述 ①

一、背景

"十三五"时期，我国坚持创新、协调、绿色、开放、共享的发展理念。处于可以大有作为的重要战略机遇期，也面临严峻挑战。世界经济在深度调整中曲折复苏，新一轮科技革命和产业变革蓄势待发，工业化和信息化融合发展水平进一步提高，产业迈向中高端水平，先进制造业加快发展，新产业新业态不断成长。国家新闻出版广电总局发布的《印刷业"十三五"时期发展规划》明确提出，"十三五"期间，国家印刷示范企业、中小特色印刷企业辐射引领能力进一步增强，产业集中度继续提高。到"十三五"期末，规模以上重点印刷企业的产值占印刷总产值的 60% 以上，培育若干家具有国际竞争力的大型印刷企业集团。

印刷设备制造业是整个制造业的重要组成部分，关系到整个印刷产业的长期发展，其发展水平是实现印刷强国的重要标志之一。

二、印刷机行业总体情况

印刷业具有制造、意识形态和文化服务等多重属性，肩负着传承中华文明、传播美丽的使命，承担着服务党和国家重要文件文献、重大政治主题出版物、中小学教科书等各类重点出版物和文化产品的印制发行工作。在满足人民不断增长的精神文化需求、有效服务意识形态工作和国家文化建设方面的功能和作用越来

---

① 此文刊载于《中国印刷年鉴》，文化发展出版社，2019，作者：齐元胜、陈邦设。

越明显。国内印刷业明显呈现块状区域化发展趋势。以上海、深圳、北京为中心，国内形成了长三角（上海、浙江、江苏）、珠三角（广东省）、环渤海（北京、天津、河北、山东、辽宁）3 个印刷集中发展区域。

印刷行业工艺和产品质量、效益等很大程度上取决于印刷装备。近几年，在经济发展形势严峻、结构调整任务紧迫的大环境下，印刷机行业仍呈现出较好发展态势，自 2015 年以来，印刷设备器材市场行情逐渐复苏，在 2018 年达到一个小高峰，2019 年的增幅小于 2018 年，总体上印刷机行业持续复苏，具体情况见表 1.3.1 和表 1.3.2。

表 1.3.1　2016 年 1—4 季度 50 家印刷机行业经济指标完成情况分析

年度　　　指标名称	2016 年1—4 季度 /万元	2015 年1—4 季度 /万元	同比增减 %	2016 年第 4 季度 /万元	2016 年第 3 季度 /万元	环比增减 %
工业总产值	429820	468136	−8.18	129698	100992	28.42
工业销售产值	434679	449278	−3.24	128443	102611	25.17
工业增加值	126003	140217	−10.13	35189	25946	35.62
产品销售收入	425571	431642	−1.41	131386	98356	33.58
利润总额	35637	30689	16.12	13780	7156	92.56
成本费用总额	413123	424568	−2.69	119004	99796	19.24
出口交货值	61820	64072	−3.51	24151	13021	85.47
新产品产值	235708	267973	−12.04	61739	64480	−4.25

表 1.3.2　2019 年 1—4 季度 61 家印刷机行业经济指标完成情况分析

年度　　　指标名称	2019 年1—4 季度 /万元	2018 年1—4 季度 /万元	同比增减 %	2019 年第 4 季度 /万元	2019 年第 3 季度 /万元	环比增减 %
工业总产值	736932	734614	0.31	233113	189489	23.02
工业销售产值	732597	718485	1.96	237501	187361	26.76
工业增加值	222214	242354	−8.31	52979	68671	−22.85

续表

指标名称 \ 年度	2019年 1—4 季度 / 万元	2018年 1—4 季度 / 万元	同比 增减 %	2019年 第 4 季度 / 万元	2019年 第 3 季度 / 万元	环比 增减 %
产品销售收入	717099	698396	2.67	234565	180546	29.91
利润总额	41117	51716	−20.49	−1640	23981	−106.83
成本费用总额	650778	626302	3.90	207856	167334	24.21
出口交货值	108662	96264	12.87	38456	30510	26.04
新产品产值	377892	375060	0.75	109893	98295	11.79

进出口额则显示出近几年行业对高端印刷装备保持了旺盛的购买力。如表 1.3.3 所示,2015—2019 年印刷装备进口合计 92.11 亿美元,进口平均增长率 2.3%;出口合计 100.94 亿美元,出口平均增长率 8.8%。数据一方面说明进出口强劲,市场需求旺盛;另一方面可以看出国产设备具备大量出口的实力,当然出口份额中印后设备比例较进口印后设备多近 20 亿美元,说明印后设备方面国产设备竞争力较强,印刷设备进口较出口多 16 亿美元,进口的印刷设备多为高端印刷机。

表 1.3.3 　2015—2019 年印刷装备进出口对比汇总

印刷装备	进口五年合计 / 亿美元	进口平均 / 亿美元	进口平均 增长率	出口合计 / 亿美元	出口平均 / 亿美元	出口平均 增长率
印前设备	3.05	0.61	0.6%	8.09	1.62	0.9%
印刷设备	79.72	15.94	2.8%	63.42	12.68	5.5%
印后设备	9.33	1.87	−0.9%	29.43	5.89	18.8%
合计	92.11	18.42	2.3%	100.94	20.19	8.8%

三、行业发展优势和亮点

近五年印刷机企业总体技术实力比"十二五"期间有大幅上升,据 2019 年统计的 137 家印刷机企业数据,高新技术企业占 67.15%,90.51% 的企业拥有国内专利技术,13.14% 的企业拥有国际专利技术。

1.产品种类齐全

国内印刷装备企业产品种类涵盖了印刷产业的全链条,种类齐全,不仅包括印前、印刷、印后设备,还包括检测、环保节能等相关产品。每个种类都有代表性企业。

国产印刷机设备的信赖度在不断提升,龙头企业实力进一步彰显。陕西北人喜获国家工业和信息化部"制造业单项培育企业"殊荣,成为凹版印刷制造行业龙头。2017年,陕西北人与意大利赛鲁迪合作,努力提升核心产品凹版印刷机制造技术,进一步增强竞争力。原先的地域性企业异军突起,近年来,以浙江温州、河北玉田、广东东莞为主的印刷机制造基地发展迅速,早已从简单制造华丽转身,在产品品质、设计、功能等方面不断转型升级,逐渐出现了一批优秀的制造品牌,有些甚至已经赶上了国外的竞争对手。例如,国望机械集团有限公司从一家名不经传的乡镇企业发展成初具规模的现代印刷机械制造公司,并通过ISO9000体系认证、CE认证(德国TUV认证)等。

(1)平版胶印制版设备

主要代表公司有广州市爱司凯科技股份有限公司和杭州科雷机电工业有限公司。杭州科雷机电工业有限公司是目前中国最大的CTP制造基地,也是国内唯一具备热敏CTP、UV-CTP、紫激光CTP和超大幅面CTP生产技术能力的企业。科雷在CTP设计与制造领域形成了自己独特的设计思路,取得了17项专利技术和多项国家级、省级奖励,通过了ISO9001质量管理体系、ISO14001环境管理体系认证和RoHS与CE的国际标准认证。科雷CTP国内销量领先,且大量出口亚洲、南美、欧洲等国家。

(2)平版胶印及设备

宽幅高精度单张纸胶印刷机国产设备基本阵地丢失,一些企业纷纷退出市场。在书刊及报纸卷筒纸胶印刷机、标签印刷、瓦楞纸印刷方面及小胶印方面国产设备占据优势地位。例如,北人智能和高斯图文的卷筒纸印刷机占据了国内主要市场,而商标印刷机则是不断推陈出新,如中景印刷机的创新型产品JD-XL330系列组合式商标印刷机等。

(3)凹版印刷及设备

凹版印刷在我国印刷行业中是除胶印以外所占市场份额最大的印刷方式,广泛应用于纸包装、软包装及装饰装潢的印刷,因其印品质感好、色彩鲜艳,且适合大规模印刷等优势,一直是无菌包装盒、液态牛奶盒、烟盒、食品包装等高端印刷市场的首选。

凹印刷机主要代表设备为：陕西北人 FR300ELS 无轴传动塑料凹印刷机，印刷速度可达 300 米 / 分钟；符合 LEL 安全准则的高效干燥系统，安全节能；整机按 CE 标准设计，同时满足 EHS 要求。

（4）柔性版印刷及设备

目前，国内已经完全掌握柔性版印刷的相关技术，如网纹辊的激光雕刻技术、CTP 直接制版技术、套筒技术、大型压印滚筒制造技术、水性油墨技术，从而推动多种类型的印刷设备得到广泛应用。

主要代表设备有：陕西北人 FCI 250 高速卫星式柔性版印刷机；太阳机械 STF-340/460 柔性版印刷机、STF-460C 柔性版印刷机等创新设备；浙江炜冈的 ZJR-330 机组式柔性版印刷机等。

（5）数字印刷技术及设备

数字印刷具有数字化、高效可变、节能环保、异地印刷等特点。目前处于技术发展水平前列的为惠普公司生产的全新 HP Indigo 20000 商业数码标签印刷机，支持更高效连续印刷作业。国内的北大方正电子、乐凯华光、德拉根、信德诚、上海天岑、泰克正通、悠印数码等推出了数字印刷设备，但是喷墨打印刷机的核心零件喷墨打印头和墨水属于关键技术，基本以进口为主，高端数字印刷机基本被国外垄断。

2. 设计开发手段数字化，产品开发能力增强，制造基础能力显著增强，数字化基础日趋完善

（1）多数企业在设计方面采用数字化软件，如 CAD 二维软件、SOLID-WORKS、CAXA 等 3D 设计软件、Photoshop、Coreldraw 图形软件、Altium Designer Winter 电路设计软件、Keil uVsion 程序设计软件等。

（2）多数企业建有企业技术中心、工程研究中心，个别企业如陕西北人技术中心被批准为国家级企业技术中心，建有院士工作站和博士后工作站，设计开发实力雄厚。

（3）制造方面基础能力提升：多采用车铣复合中心，数控车床加工中心，特别是关键零件，如墙板、支撑零件等，因此设备制造精度显著提升。

（4）传动多用伺服电机和运动控制系统，形成无轴传动，缩短传动链，减少误差；广泛采用各种传感器，形成闭环控制系统，装备精度明显提高。

以上为企业数字化打下了坚实的基础。

（5）根据 137 家问卷调查企业统计分析，有 92 家企业是国家高新技术企业，占比高达 67.15%；其中还有 13 家企业具有其他管理资质，占整体的 9.49%；而不属于国家高新技术企业的公司也占据了23.36%。国家高新技术企业数量庞大，数量上占比极大。除此以外，还有13家企业拥有省级或其他各级别的企业管理资质。以上数据充分说明企业对于实现高新技术发展的重视。

接受调查的137家企业中，拥有自己的企业技术中心、工程研究中心或是重点实验室的企业有102家，占比74.45%，说明企业对于技术更新的重视以及对于技术的需求。但是就专利而言，90%的企业拥有国内专利，说明印刷行业充分重视知识产权，十分注重对于知识产权的保护。在一定程度上可以避免与国内竞争对手的不良竞争，接近一成的企业拥有国际专利。与之对比，可说明大部分印刷装备制造企业大多关注国内知识产权的保护。不论是因为申请困难，还是因为竞争关系，对于国际知识产权的保护存在一定的欠缺。这有可能与市场主要集中于国内有关，由此分析，印刷装备制造企业日后要向国外开拓市场。

3. 企业积极参加标准化工作，产品成熟度高

程度重视标准化，工作踊跃参加标准化制定，标准化是推动企业规模化数字化的基础工作，据不完全统计，规模以上企业多数参加过相关标准制定。对于产品成熟度，在137家企业自评中，有96.35%的企业生产的产品达到高度成熟，仅有3.65%的企业产品不成熟。在这些企业中，部分企业是近几年成立的，还需要完善产品，其余企业的产品成熟度也在90%左右。此外有89.05%的企业拥有自主知识产权，并拥有自己的特色技术及发展优势。我国印刷装备技术发展相对平稳。

4. 绿色化进入深化阶段

2018年国务院发布《打赢蓝天保卫战三年行动计划》，国家和地方政府部门对包装印刷行业挥发性有机物（VOCs）治理提出了新的更高更严更细的要求，行业环保压力持续加大，行业绿色环保理念进一步提升强化，行业VOCs减排治理工作全面深入展开，各类治理技术得以实质性推广应用，新技术、新材料、新工艺研发蓬勃开展。

绿色环保理念逐渐深化。环保型设备如无溶剂复合机等越来越得到用户认可，典型企业如广州通泽机械有限公司"包装印刷无溶剂复合技术"被国家环保部公布《2016年国家先进污染防治技术目录（VOCs防治领域）》，列入推广类技术首位，2019年正式被认定为"工业产品绿色设计示范企业"，广州通泽作为第一起草单位主导制定了全部无溶剂复合相关的三项国家和行业标准，并从2016年起承担了国家科技部国家重大专项"包装印刷行业全过程VOCs治理控制技术研究及应用示范工程"中无溶剂复合设备与工艺专项子课题的研究工作。

UV-LED 干燥系统得到广泛应用，如广州巍泰机电有限公司、山东青岛莱伊迪的代表产品。VOCS 治理技术及装备得到了长足发展和应用，如无锡爱德旺斯、西安昱昌、广州环保嘉等代表产品。但是目前行业内没有环保系统设计和规划院所，企业存在盲目上环保治理设备，环保治理水平参差不齐。

5. 跨界、融合化逐渐显现

产品打破产业边界，向 3D 打印、AR/VR 延伸，不断运用新技术、新材料、新工艺等为产品增值赋能。例如，数字印刷与服装、印染、建筑装饰、柔印电子等开展合作，文化、艺术、制造相互融合。

典型企业如西安航天华阳机电装备有限公司，其从航天领域进入印刷设备领域，发展了柔版印刷装备、精密涂布装备、凹版印刷装备、新材料新能源装备、智能化装备制造五大系列高端装备，成功研制最新一代"CINOVA"卫星式柔版印刷机，华阳公司连续八次被评为"中国家具行业十佳供应商"。卫星式柔版印刷机荣获"改革开放 40 周年机械工业杰出产品"。"赛默森圆凹一体壁纸生产线成套设备"被评为西安市名牌产品。印刷速度每分钟 400 米的"E 飞"卫星式柔版印刷机，用于纸质品个性打印和喷码的数字印刷机已经取代进口。

6. 数字车间初见端倪，智能化进程逐渐展开

2017 年中国印刷工业协会在北京印刷学院召开智能装备创新联盟产需对接会，邀请工业和信息化部对智能制造做了讲解，随后北京印刷学院机电学院开展了智能制造系列培训班和高级研修班，建立了智能制造实验室；北人智能、天津长荣、陕西北人、航天华阳、上海高斯等纷纷在企业内开始数字化智能化车间或物流系统。北人智能率先建立了胶印生产数字车间，陕西北人建立了柔性版印刷数字化车间、印刷机主要零部件生产的数字车间，长荣集团建立了印刷机械数字化生产车间和钣金件加工智能化车间。

在 2018 年上海全印展上，科雷机电联合大族冠华、光明机械、玉田中博、易印、万邦科技、精密达、华岳、奥托机械 9 家企业，将一条完整的印刷智能制造生产线搬到了展会现场，形象展示了智能工厂的雏形。2019 年"一本书智能测试线"在北京盛通印刷股份有限公司测试通过。长荣股份的子公司荣联汇智、悟略科技等开展印刷行业智能化工作。目前行业智能化仅仅是处于起步阶段，还需要进一步探讨智能化的模式和方案。

7. 联线和多功能集成方面进一步增强

由长荣股份与海德堡共同研发生产推出的有梦·K1060CSB 全清废模切机凸显出数字化、智能化的趋势。上海耀科的 YOCOi60c 冷烫印刷机，可实现承印物

后道表面整饰工艺多样化。

精密达的 Superbinder（超级）-8000Plus 胶装联动线在原 8000 机型基础上，进行了大量的创新和升级。平湖英厚推出的 Galaxy（银河）3000e 全伺服胶装机所有调节都已实现全伺服。

在印前、印中环节，通过智能检测技术从源头贯穿生产过程来提升印刷企业的产品质量，控制、降低印刷成本，推动行业的智能制造发展，显得尤为重要，该技术在凌云、华夏视科、大恒图像等产品中得到广泛应用。

8. 企业运营模式多样化

印刷机企业根据各自特点纷纷探索发展模式，如精密达和多省新华印刷签订协议，进行智能化胶装生产线建设和升级；北人智能装备科技有限公司，做印刷机行业的系统供应商，从以制造为主转向服务制造；科雷机电联合上下游组建色彩控制的印刷智能车间；中德集团由天岑华威、华岳、劲豹机械联合组织，形成较强的组织和生产协同模式；德阳利通通过技术专利合作等形成许可证式生产合作模式。玉田印刷机协会、东光纸箱机械联合会等也通过协会或联合会的形式，形成企业抱团发展的模式。

2015 年，长荣股份与意大利赛鲁迪公司签署合作协议，获得了赛鲁迪最新型的凹印刷机的永久技术许可，并负责中国纸包装市场的生产、销售和售后服务。2016 年 4 月 19 日，长荣股份与赛鲁迪合作的 MKCerutteR983 十色卷对卷凹印刷机试制成功并实现销售。2019 年长荣股份成为全球唯一能够提供行业整体解决方案的综合服务商——德国海德堡单一最大股东。除股权合作外，双方将在全球范围内，进一步深化既有合作模式，就双向分销、双向供应、技术和产品合作、提升智能制造水平、技术人才培育、工业信息化数据共享及融资租赁等方面，展开全面战略合作，共同推动双方的数字化、智能化转型，共同为印刷包装行业提供全面解决方案，共同搭建面向未来的印刷包装产业生态圈，继续引领行业发展。

9. 积极参加展会，"一带一路"合作需要不断探索

国内印刷机企业组团走出国门，参加非洲、欧洲、亚洲等相关印刷展会，不断扩大影响力，展会已成为行业发展的方向标。被调查的印刷装备制造企业有 98.54% 面向国内市场，81.02% 面向国外市场。

在"一带一路"合作方面，需要培育市场，不断探索合作模式，从人才培养、产业对接等各方面开展合作。

四、印刷机行业存在的问题

当前，我国印刷装备难以满足印刷业高质量发展的需求，高端印刷装备仍然高度依赖进口，进口设备在我国规模以上印刷企业占比高达 80% 以上。2016—2018 年高端印刷装备进口额分别为 20.33 亿美元、23.69 亿美元、25.89 亿美元。行业发展存在基础研究薄弱，核心技术缺乏，技术创新不足的"瓶颈"，难以形成创新驱动新局面，亟待解决印刷行业转型升级、新技术装备研发及产业化、供给侧结构性改革的突出问题。

自主创新能力不足。多数设计还是以传统设计为主，虽然采用了数字化设计手段，但是在动态仿真、模态分析等方面还很少采用，实验方面，多数没有实验台，多数是边生产边实验，实验数据反馈环节缺失。导致国内产品以中低端为主，特别是在部分区域，出现产品同质化竞争，以拼价格为主。

公共服务体系不健全。目前行业内基本没有公共服务体系，企业服务体系缺乏协同，精益管理还需要进一步深化。

转型升级路线不明确。对印刷机械企业而言，升级是主要方向。高端印刷装备是印刷产业高质量发展的重要支撑，"中国制造 2025"国家战略为装备制造业高质量发展指明了方向，为印刷装备制造业提供了新的发展机遇，有利于行业向数字化、智能化、绿色化、融合化方向转型升级。

需要政府支持的力度不够。高端印刷装备的关键技术攻关涉及面广、时间周期长、资金投入风险大，单靠企业自身的研发投入难以攻克技术"瓶颈"，迫切需要政府的高度重视和政策支持，企业由生产型向服务型制造发展的意识不强。产学研用相结合的跨行业跨领域的技术集成、协同创新机制不够。发展模式仍需要不断探索。

五、未来发展趋势

随着我国进入高质量发展阶段，行业正在向数字化、绿色化、智能化、融合化方向发展，世界印刷产业中心转移到中国的形势日趋明朗，印刷装备需求持续增长，预计未来 5 年，产业生态体系将面临重构，个性化印刷包装、防伪安全印刷、数字印刷、特种特色功能印刷、印刷智能化、食品药品等领域需求迅猛，高端印刷装备的需求更加旺盛，我国的印刷装备制造行业将迎来新一轮发展机遇。

未来将基于精益管理和生产管理，个性化、数字化、绿色化、柔性化和智能化，全产业链，跨界融合，多模式发展，并且建立印刷机械技术创新体系、攻克制约我国行业发展的高端印刷装备关键技术难点，重点聚焦智能多色高速高精度印刷机设计与制造技术、多学科集成的绿色印刷工艺技术、数字喷墨打印头技术、高精密光学膜涂布等关键技术，探索智能制造关键技术及发展模式，改变高端装备受制于人的局面，建立以企业为主体、市场需求为导向、产学研用相结合的自主创新协同体系。提高集约化、规模化发展水平，建设发展新高地，充分发挥龙头带动作用，为印刷装备制造业新旧动能转换提供可复制、可推广的经验。

1.4 2020 年我国印刷设备现状及发展 ①

一、2020 年印刷设备总体概况

2020 年我国的 GDP 突破了 100 万亿元的大关，达到了 101.6 万亿元，经济总量迈上百万亿元这一新的台阶。受新冠肺炎疫情的影响，各行各业的发展遇到了较大挑战。根据 2020 年的统计结果显示，印刷企业经济运营指标前低后高、逐步回升，通过四个季度的不断努力，总体来说 GDP 同比增长 6.5%，规模以上工业增加值增长 7.1%。

2020 年 1—12 月，国内印刷装备进口 17.74 亿美元，与 2019 年同期相比下降 10.0%。其中，印前设备进口 0.51 亿美元（同比下降 16.2%）、印刷设备进口 15.36 亿美元（同比下降 11.8%）、印后设备进口 1.87 亿美元（同比增长 10.8%），由此可见，印后设备在目前国内市场上所占有的比重逐步提升。2020 年 1—12 月，国内印刷装备出口 22.14 亿美元，与 2019 年同期相比下降 10.0%。其中，印前设备出口 1.36 亿美元（同比下降 11.4%）、印刷设备出口 12.46 亿美元（同比下降 14.7%）、印后设备出口 8.33 亿美元（同比下降 1.6%）。

1. 主要印刷设备企业的总产值

目前我国自主生产的印刷设备的技术水平和质量逐步提升，行业内一线品牌的设备由于其优良的性价比以及接近或达到国际同类产品的技术水平，越来越受到国内外市场的认可，市场规模逐步加大，近五年期间总产值增长 74%。受到新冠肺炎疫情的影响，2020 年的总产值相较于 2019 年的总产值有所下降，如图 1.4.1 所示。

---

① 此文刊载于《中国印刷年鉴 2020》，文化发展出版社，2020，作者：齐元胜、谷玉兰、管秀清。

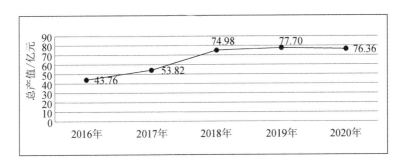

图 1.4.1 印刷设备五年的总产值

2. 印刷机行业创新产品的产值

印刷机行业始终坚持创新驱动发展的理念,许多企业在技术上不断突破自我,取得了显著的创新成果。例如,陕西北人的凹版印刷机及卫星式电子束固化胶印刷机、上海高斯的高速智能化卷筒纸胶印刷机、西安华阳的柔性版印刷机、浙江炜冈的自动化标签印刷机、杭州科雷的智能云控供墨系统、深圳精密达的智能胶装联动线、天津长荣的激光模切机等成果,对于补齐印刷高端装备短板、替代进口、扩大出口具有重要意义。

针对印刷机行业 60 家具有代表性的各类型企业所调查统计到的数据显示,创新对行业增长贡献占比逐步加大,有创新产品产值的企业有 40 家。其中,有创新产品产值的企业占比为 66.67%,无创新产品产值的企业占比为 33.33%,如图 1.4.2 所示。

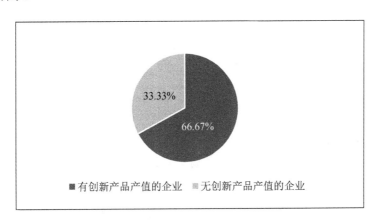

图 1.4.2 有无创新产品产值的企业对比

其中,占工业总产值 50% 以上的企业 26 家,占比达 65%。产品销售率达到

100% 的企业包括玉田炬兴、上海华太、天津长荣，占比 5%。60 家印刷机企业的新产品产值占工业总产值的比例如图 1.4.3 所示。

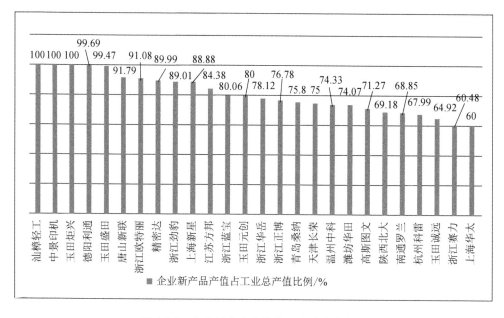

图 1.4.3　企业新产品产值占工业总产值比例

3. 60 家印刷机械企业的地域分布情况

60 家印刷机械企业地域分布可划分为四大地区，即环渤海地区、长三角地区、珠三角地区以及内陆地区。其中，分布在长三角区的企业最多，该地区的数字印刷装备的研发与制造的技术水平全国领先，如图 1.4.4 所示。

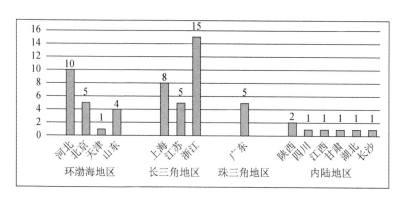

图 1.4.4　企业地域分布

二、印刷机企业设备的技术特点

2020年是非同寻常的一年，是我国全面建成小康社会和"十三五"规划收官之年，是"十四五"规划谋篇布局之年，是构建"国内大循环为主体、国内国际双循环相互促进"新发展格局的战略定位之年。印刷机业设备坚持创新驱动发展，自主创新能力显著提升，自主创新成果显著，技术上有了新的突破。

1. 主要印刷设备

（1）柔版印刷机

随着印刷市场要求的不断提升，柔版印刷技术已经向"智能、高效、高清和稳定"方向发展。其中，西安航天华阳机电装备有限公司研发的CINOVA新一代高速卫星式柔版印刷机在国内处于领军地位，该设备生产速度突破了400m/min大关，成为国产柔版印刷机"第一速度"，并且航天华阳公司正在攻克500m/min的有关技术。

（2）数字印刷机

伴随着数字化进程的快速推进，国产卷筒纸喷墨技术普遍提高，卷筒纸喷墨彩色设备替代黑白设备。例如，盈科杰的彩色喷墨轮转数字印刷机INKJ DT4400C搭载600×1200dpi工业级按需压电式喷头，使用自主研发的喷墨控制技术，极大地提高了设备性能，印刷图像清晰，色彩丰富艳丽，可与胶印效果相媲美。其自主研发生产的水性颜料墨水，不仅支持传统适用的印刷介质，还支持铜版纸、相纸等特殊材质，满足用户多元化需求；沧州铭洋自动化技术有限公司新研发生产的Single Pass瓦楞纸板数字喷墨印刷机，采用CMYK水性墨水，结构设计优良，无须制版、印版，按需喷墨，一张起印，不限长度，大大减少客户设备印刷成本，并且可实现远程下单，智能排单对接，ERP生产管理系统，使企业领先一步实现数字化生产。

（3）胶印刷机

胶印刷机是平版印刷机的一种，印刷时印刷图文从印版先印到橡皮滚筒上，然后再由橡皮滚筒转印到纸张上。海德堡公司、高宝公司都是胶印刷机制造的著名企业，其中，全球首发高宝利必达105特针对中国市场开发，具备中国特色，解决了市场反馈的难题，拥有更加出色的准备时间保证生产效率、更加领先的色彩及质量测量控制系统保证稳定高质量、更加优秀的操作理念及自动化预设功能保证生产便利、高达17500张/时的实际生产净输出速度保证极致产品。河北万杰机械科技股份有限公司首创将单张纸胶印技术用于间歇轮转印刷机，其生产的 PS 版间歇轮转印刷机为顺应高质量标签实现自动贴标的需求，采用无轴传动系统，通过工业计算机进行控制，只需一个万能版滚筒即可实现任何尺寸的无缝印刷。

（4）丝网印刷机

智能伺服丝网印刷机可以将传统网印刷机需要手动操作的按键全部集中在控制台上，对印刷纸张及印刷幅面等皆可一键设定，是丝网印刷机迈向自动化、数字化的一大步。例如，浙江劲豹机械有限公司成功研发出智能伺服丝网印刷机，该机滚筒的转动、网框组件的往复平动、飞达给纸及给纸台运行均由独立伺服电机驱动，每小时印刷速度可达 5000 张，是当今世界范围内最快网印刷机。

2. 印后设备

国产印后设备技术逐渐成熟，技术不断智能化升级，以机器替代人工，实现无人车间。只有不断地促进人工智能与工业互联网的结合，才会提高印刷设备的数字化智能水平。

（1）包装印后设备

包装印后设备种类繁多、多种多样，设备的自动化程度大幅提升，以为用户提供整体解决方案为宗旨的自动化生产线，设备高速、高效、高质量，工艺简单化、模块化，替代了以往功能单一的设备。例如，唐山继国印刷机械有限公司的产品自动化程度高，采用多部位计算机智能操作控制系统，具有自动给纸、自动齐纸、自动清废等功能和耗材低、效率高、模切精度高、产品质量好等特点，整体技术居同类产品国内领先水平。例如，浙江欣炜通过设备连线、数据采集，最后在物联网上实时传递设备生产状况，快速应对各种问题并迅速加以解决，实现礼盒生产智能化自动化生产，从材料进来到成品出去，全部通过模块化组合联机来实现。使得每台机器都能独立运行，让各个工艺流程自动衔接，提高生产效率，节约人力成本，为客户打造精品礼盒智能生产整体解决方案。

（2）书刊印后设备

印后的自动化联线会为印刷机企业带来长期的高性能和稳定性，包括稳定的生产效率、灵活性和胶订质量。从配页到胶订再到裁切，每个环节都是为了实现更稳定且更高效的装订生产而设计，可以帮助印刷企业更加成功地满足客户日益苛刻的要求。例如，深圳精密达智能机器有限公司的 Cambridge（剑桥）-12000e 全伺服高速胶订全流程联动线，是一款面向未来的全自动化、智能化、全流程生产线，最高速度可达 12000 本 / 时，采用全伺服控制，最快可在 30 秒内完成调整。书本胶订完成后直接联线书本打捆、打包、码垛系统，实现从书芯到书本，最后到物流的全自动全流程生产。深圳高登高速胶订联动线的配页机有别于传统配页机采用的滚筒叼页的技术路线，高登配页机的下页方式采用负压吸附直线型配页，书贴的运动方向不会改变，最大限度提升了配页速度和效率。高登PE结束带书刊自动打捆机抓取固定书刊的夹具模仿双手握书的方式，保证在通道中书刊不会倾倒堵塞通道，可实现"十字形""工字形"和"井字形"三种打捆方式。

3. 智能包装联动生产线

只有实施创新驱动战略，才能加速实现印刷设备产业数字化、智能化发展。例如，山东信川机械责任有限公司的智能包装联动生产线智能化程度高，生产效率高、大量节约人工、生产全程可监控，可通过总控台控制各单体设备的动作，实时传输产品数据。联动生产线可根据客户要求定制，实现客户智能化、数字化工厂的要求，市场前景广阔。该产品涵盖包装行业的六大工艺，整合六种关键设备，可很好地替代国外同类产品，降低成本，促进我国行业的技术升级换代。

三、印刷行业设备发展趋势

中国制造业大国的地位决定了包装印刷在印刷产业结构中占据了主要份额。随着我国消费水平的不断提升，客户对于印刷设备提出了更高的要求，客户的需求会更趋向于更高端的质量、功效，更加绿色、环保。近年来，各国的经济活动都受到疫情的影响，但是对于印刷行业而言充满挑战，加速了其数字化和网络化的趋势。北人智能公司积极应对新挑战，坚持以市场需求为导向，坚持技术创新驱动发展，坚持战略引领，聚焦包装印刷装备、出版印刷装备和印刷环保装备三大业务板块，贯彻新发展理念，推动公司的高质量发展。努力实现传统制造向智能制造转变。在新一轮技术革命背景下多品种、数字、智能、绿色印刷、印后加工设备及数字化服务整体解决方案成为市场发展的主流趋势。

同时，印刷企业面对国家"十四五"发展战略，将迎来产业变革带来的重大发展机遇，也将面临产业转型的严峻挑战。新冠肺炎疫情暴发，印刷装备制造企业纷纷迅速改变内部产业结构，进行生产模式转型。印刷装备制造企业面临急迫迈向全球价值链中高端的局面。注重研发人员的培养，企业管理实现

ERP、MMES 等综合管理。随着 5G 技术的成熟与普及，传统印刷装备制造的高端智能化生产转型也是企业未来发展的必由之路。在提高单一印刷装备智能化的基础上，注重智能印刷工厂的建设。印刷企业需要把握新阶段、贯彻新理念、构建新格局。要以创新开拓行业发展新格局，加速关键技术的自主研发，强化产业基础能力，提升产业链水平。推动传统印刷产业朝着高端化、智能化、绿色化方向发展。

  未来印刷装备制造企业将开启以"绿色化、数字化、智能化、高端化"为导向，以"融合化"为最终目的的"五化一体"发展模式。

1.5　印刷装备制造企业地域分布及技术发展分析 [①]

　　我国东部、中部、西部地区印刷装备制造企业发展差距较大，东部沿海地区在数量上优势明显，占据了全国印刷装备制造企业总量的 80%。

　　印刷装备制造业作为集研发、生产、服务于一体的资本与技术密集型产业，拥有着一条较长的产业链条，其发展目标是为实现客户的个性化印刷需求提供解决方案。笔者应用 Tableau 可视化分析软件针对我国印刷装备企业进行了分析，大致了解了三大经济开发区印刷装备制造企业的发展现状，以及技术发展的地域性差异。

一、印刷装备制造企业地域分布

　　根据对 2020 年各省市印刷装备制造企业数量的统计，处于第一梯队的省份为河北、浙江，规模以上印刷装备制造企业数量约占总量的 54%；处于第二梯队的省市为广东、山东以及上海，数量占比约为 29%；处于第三、第四梯队的主要有江苏、北京、辽宁、天津、陕西、四川、江西、湖南、甘肃、湖北以及吉林11 个省市，数量比重为 1% ～ 5%，且大部分省份来自中部地区。东部、中部、西部地区印刷装备制造企业发展差距较大，东部沿海地区印刷装备制造企业在数量上优势明显，占据了全国印刷装备制造企业总量的 80%，环渤海、长三角以及珠三角经济圈优势最为突出。

1. 环渤海地区

　　从以京津冀为中心的环渤海地区的印刷装备制造企业分布情况（如图 1.5.1所示）可以看出，北京、天津的印刷装备制造企业占比并不是很高，仅占 13%。

[①]　此文刊载于《印刷工业》2020 年第 5 期，作者：张亚洲、齐元胜、张勇斌、刘世禄。

其中，北京是智能制造的中心，有北大方正这样的印刷装备适配软件龙头企业、北京大恒等从事印刷装备检测的技术型企业；天津是整个环渤海地区的机械制造中心，有以高端印后装备为主业的天津长荣。河北作为北京与天津的外围，具有得天独厚的技术优势，特别是唐山、廊坊以及石家庄等地，分布着大量的中小型印刷装备制造企业，所占比重高达60%。山东既是整个环渤海地区的"后勤保障"，又是印刷装备的主要产区，有青州神工、潍坊东航等大批优秀的印刷装备制

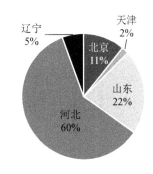

图 1.5.1　环渤海地区印刷装备制造企业区域占比

造企业。辽宁地处环渤海重要位置，资源物产丰富、交通便利，是未来印刷装备制造业发展的"沃土"。

2. 长三角地区

长三角地区是"一带一路"与长江经济带的重要交汇之地，也是"AI+"智能领域的后起之秀，印刷装备制造企业在长三角地区得到了很好的发展，如图1.5.2 所示。浙江印刷装备制造企业数量在长三角地区的占比达 58%，其中温州为印刷产业聚集地，全国 10% 的印刷设备制造企业集中于此，贡献了 60 亿元的总产值。拥有长三角印刷装备企业 25% 占比的上海，地域面积虽不大，但有国内著名印刷装备制造企业之一的高斯图文印刷系统（中国）有限公司。江苏的印刷装备制造企业数量虽仅占长三角地区的 17%，但这里却有着印刷名城无锡、数字印刷水平领先的常州，以及发展迅速的南通。长三角地区注重印刷业个性化、智能化、数字化、绿色化的发展理念，正逐步进行装备制造企业的转型升级。目前，该地区数字印刷装备的研发与制造已处于全国领先地位，但企业想要再发展，宜研发复合型印刷装备，走融合化的道路。

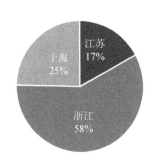

图 1.5.2　长三角地区印刷装备制造企业区域占比

3. 珠三角以及内陆地区

改革开放后，珠三角地区是印刷业率先发展起来的新高地。以广东为代表，印刷业在珠三角的产业布局日趋优化，进而在该地出现了大批优秀的印刷装备制造企业，如中山松德、广东汕樟、东莞市源铁等。与环渤海以及长三角地域相比，

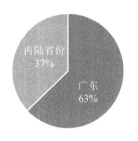

图 1.5.3　珠三角及内陆印刷装备制造
企业区域占比

珠三角地区印刷装备制造企业比较集中，具有良好的基础，能为印刷业提供充足的装备技术解决方案。如今，陕西、四川、江西、湖南、甘肃、湖北等内陆地区，已成为印刷装备制造企业的第二选择，在沿海城市先进技术带领下，内陆地区结合自身优势，优化当地印刷方略，缓解了"三大经济圈"印刷装备研发与制造的压力，如图 1.5.3 所示。

二、印刷装备制造企业专利数量分布

由印刷装备制造企业专利数量分布图（见图 1.5.4）可以看出，当前，我国印刷装备技术发展产区集中在以广东为中心的珠三角地区，以浙江、上海为中心的长三角地区以及京津冀协同发展的环渤海地区。通过印刷领域内各个地区专利数量对比情况来看，印刷装备制造企业数量与技术发展呈正相关。改革开放前，北京、上海是我国印刷装备主要的制造基地，随着改革开放以及绿色印刷理念渐入人心，人才、地域等优势尽占的三个经济圈，在总体上形成了三个区域印刷装备全方位发展的新模式。随着印刷业供给侧结构性改革以及雄安新区的逐步建成，未来印刷装备制造企业格局还会有新的变化。

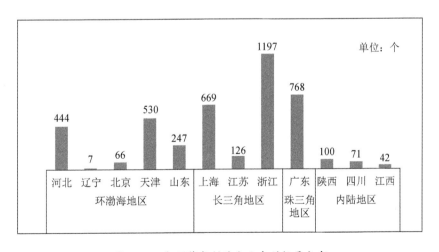

图 1.5.4　印刷装备制造企业专利数量分布

　　按地域分布来看，未来印刷装备企业发展的方向是：从沿海到内陆、从集中到广泛；按技术发展来看，我国印刷装备单一制造研发已基本成熟，如何实现印刷装备联动性以及提高整体印刷装备自动化协同，将是印刷装备制造企业思考的方向。目前，我国部分印刷装备制造企业已经开始着手智能印刷工厂云印刷等相关技术的研发，有的技术已投入使用，这为实现全生命周期的印刷生态链打下了基础。

　　综上所述，印刷装备产区分布不均衡，建议企业之间树立合作意识，取长补短；专利分布同样存在分布不均衡的情况，建议专利偏少的中小型企业，注重研发人员的培养，有针对性地开展研发工作。如今，印刷装备制造企业面临着印刷装备迈向全球价值链中高端的局面，在提高单个印刷装备智能化的基础上，更应注重智能印刷工厂的建设。当然，前提是先实现自动化，对全流程进行信息化管理，注重绿色发展。

1.6　印刷企业废纸现状及再利用对策分析 ①

近年来，绿色环保已经成为时代发展的一个主题。各行各业都在极力朝着环保、节能等方向转型，无论是生产制造行业还是其他行业，都向绿色环保、节能减排的方向改进。针对印刷行业内废纸的产生，主要是印刷过程和模切过程这两个方面，而且废纸的产生量并不低。那么如何更好地将这些废纸再利用，将这些废纸变成一种可循环使用的材料，将对保护有限资源、支持绿色环保具有深远的意义。

一、绿色印刷

绿色印刷的核心内涵是"环境友好"与"健康有益"。绿色印刷就是围绕着这两点展开的一系列绿色行为，强调在顾及当代人的同时兼顾下一代人的生存发展。现代环境污染日益严重，绿色印刷已经成为我国印刷行业主要发展方向。印刷行业内人士普遍认为：想要做到绿色印刷是很不容易的。但是在当今行业内，客户需求不只停留在印刷品的质量和速度上，更多的客户都会关注印刷企业是否在绿色印刷上面下了功夫，有没有绿色可持续性。

二、印刷废纸产生现状

1. 印前过程

针对印前过程产生的废纸主要在于打样环节，胶片输出后用打样机打出印前样稿，主要检查彩色打样是否符合完稿上的要求，有颜色的校正与其他修正时一定要特别仔细地用红笔写出具体的说明，正确传达给制版人员，但是打样产生废

---

① 此文刊载于 *Print Today*，2020 年 5 月，作者：程前、张晓丹、齐元胜。

纸的数量并不多，尤其是现在多用数码打样，在电子出版中将电子原稿以数字的方式处理后直接输出打样。它通过数码方式用大幅面打印刷机直接输出打样，替代了传统的制胶片、晒样等冗长的打样工艺流程，这样的话就可以减少很多印刷废纸。

2. 单张纸印刷

单张纸印刷过程中最主要产生废纸在于过版纸环节。过版纸是在印刷生产过程中用于校准印版、吸收多余油墨的纸张。一般在印刷开始前，需要对印刷机印刷出来的印张进行调整，以起到吸墨、去除磨辊上多余油墨的作用。在调整过程中，工作人员要对包括墨量、压力以及套印位置等多个参数进行多次调整和确认才能定型，这个过程通常需要几十张纸甚至上百张来进行调整，其间产生的废纸量也是惊人的。虽然其中有一部分过版纸可以重新利用，在下一次的印刷中再次充当一次过版纸，但仍会有大量的纸张在这个过程中被浪费。

3. 卷筒纸印刷

卷筒纸印刷过程中最主要产生废纸的部分在于过版纸和调试机器张紧程度所产生的废纸，以及卷心部分的废纸。由于卷筒纸印刷不能二次使用过版纸，只能使用空白的卷筒纸进行过版、调校，因此纸张损耗更大；再加上工艺因素，卷筒纸卷心部分的纸张印刷不到，也会产生大量的纸张浪费。

4. 切纸过程

目前，切纸机在进行裁切各种规格的纸张时，需要按照规格进行裁切，特别是裁切一些印刷好的纸张时，需要将一些标记线切除，这就会产生很多的边角废料；不仅是切纸过程，在模切工艺中也会产生大量的边角废料，这些边角废料的量是非常巨大的，要比印前和印刷过程中产生的废纸多很多。而且，由于这些边角废料比较碎小、纸张上还有大量图文，不可直接进行二次利用，通常都是打包卖给回收商，再进行循环处理。

三、印刷厂废纸处理及再利用现状

为了切实了解印刷厂目前的废纸处理现状，我们走访了几家印刷厂，了解到，一家年产值 2000 万元左右的中型印刷厂平均每天产生约 3 吨废纸，一个月就能产出将近 100 吨废纸。如图 1.6.1 所示，根据国家统计局 2012—2016 年对规模以上印刷企业的相关统计数据，估计 2017 年规模以上印刷企业总产值将达到 8500

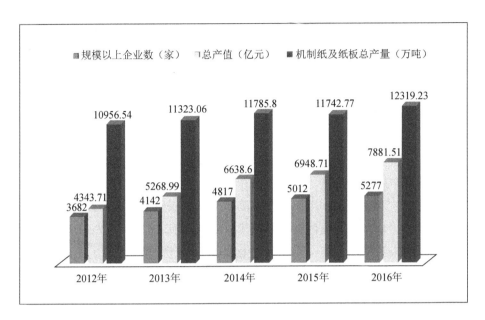

图 1.6.1　2012—2016 年中国印刷业规模以上企业数量、总产值和机制纸及纸板产量分析
（来源：国家统计局）

亿元，这些印刷企业每年将会产生共计 4500 万吨废纸，超过了 2016 年机制纸及纸板全年总产量的三分之一，数字可谓惊人。

印刷企业在实际生产中有不同的废纸处理方法途径，为了降低回收成本，印刷厂大多采用外包的形式处理废纸，即由专门的废纸回收商派工人驻厂负责印刷厂的日常废纸打包工作，当废纸堆积到一定量时，再安排统一装车运走，这样就减少了印刷厂在废纸回收环节上的管理和资金投入。废纸回收商回收到废纸后，再利用打浆、脱墨、再生纸等技术将废纸进行再利用。通常情况下，来自印刷厂的废纸品质参差不齐，不同种类的纸张混杂在一起，并且纸张上还含有一定的印刷油墨，所以在其回收再利用过程中，通常有以下两种方式进行处理：（1）进行分拣分类，之后根据不同类型的废纸选择不同的再利用途径，充分利用废纸的可再生性能；（2）混在一起或只进行简单筛选，就直接再生产成对纸张品质要求不高的如新闻纸、瓦楞纸、蜂窝纸板等类型的再生纸。但两种方式均存在一些缺陷：前者费时费力，增加了过高的成本；而后者又加速了纸张纤维的破坏，对于在印刷过程中使用的一些品质较好的纸张来说，无疑是一种浪费。

除以上回收途径外，世界各国还有一些新兴的废纸回收利用方式，例如将废纸进行处理，转换成乙醇、甲烷等燃料，便可用于汽油燃料；还有伦敦地区某废纸焚烧厂，每年焚化 40 多万吨废纸和其他废物，回收热能发电价值高达 400 多万英镑，并且能够给伦敦地区供热。除此之外，还可用于农牧业生产、乳酸葡萄糖生产、制造建筑材料、生产除油材料等多种再利用途径可供我国参考。针对我国生产发展水平现状，农业和畜牧业水平都居于较高的水平，将废纸进行改造用于改善土壤结构或者用于生产动物饲料都能在很大程度上充分发挥废纸的剩余价值。

目前印刷企业在印刷过程中，废纸产生量维持在一个较高的水平，主要问题在于，印刷环节还没有改进，依然停留在传统高污染高能耗的层面上，每一环节层层叠加便导致对纸张的利用率或者废品率一直在原地踏步。那么对于此问题，印刷企业就应该从自身的硬件设备及技术改造上入手，比如引进先进环保型设备、选用绿色无污染油墨以及购买废气废水处理设备。

对于大型印刷企业来说，每天的废纸产生量会达到一个很高的水平，因此将废纸打包出售无疑是最好的选择；而对于中小型印刷企业来讲，其废纸的产生量并不是很多，那么企业就会把废纸堆积到一定量之后才将其运输到造纸厂重新造纸。但是面对不同的印刷材料和印刷成品废料，其重新造纸需要的工艺和添加剂也不尽相同，造纸厂还需要进行重新分类并选用不同的工艺来进行处理，也会造成很大的任务量。因此，不论是中小型印刷企业还是大型印刷企业，都需要一个简单迅速的废纸处理设备来处理掉每日生产所产生的废料。一方面能够节约工厂的空间和人力，另一方面还能够在一定程度上提高纸张原材料的利用率、降低污染。

1.7　烟包印刷的机遇与挑战 ①

一、烟草产量的稳定增加给烟包印刷带来利好机遇

　　烟草行业在我国国民经济中占有重要的地位，行业市场规模超过万亿。从中国报告大厅发布的《2013—2018 年中国烟草行业市场调查报告》中了解到，目前中国依然拥有全世界最大的烟草市场，中国的烟草消费量几乎达到了全球消费量的 1/3。在 2002—2012 年这 10 年间，中国卷烟销量年均增长 3.7%，税利贡献平均增长 19.6%，占全国财政收入总额的 7% 左右。其中，2012 年全行业实现工商税利 8649.39 亿元，同比增长 15.79%，卷烟产销量 4950 万箱，同比增长 2.4% 左右，种植烤烟 2118 万亩，收购烤烟 5474 万担，户均收入 4.45 万元，同比增长 48.4%。

　　如图 1.7.1 所示，2010—2014 年，我国卷烟产量一直都在稳定缓慢地增长，但是增长率都不超过 5%，显示了我国人民日益增强的健康消费观，预计 2015 年我国卷烟产量还会有所增加，但是预计产量增长速度不会超过 5%。就目前来看，传统的卷烟工业仍然呈现上升发展态势。再者从烟草品牌来看，中国卷烟品牌经历了从规模型到规模效益型的变革，这样的变革证明烟草产业的并购重组和市场结构日趋集中是大势所趋。可以说在这样的大环境下，烟包印刷企业面临着巨大的机遇，哪家企业能在这样的产业变革中占据先机，率先开始企业转型，以提高包装产品的科技含量、提高烟包的防伪能力，采用新型纸张、油墨等环保材料为重点方向，哪家企业就能实现飞速发展。

---

① 此文刊载于 *PACKAGING*，2015 年 11 月，作者：赵涛春、齐元胜、李昱。

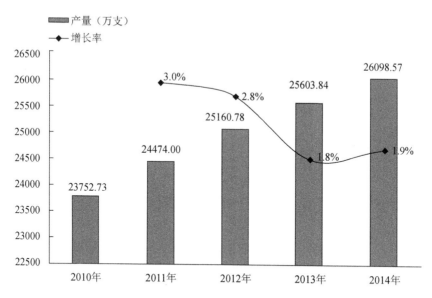

图 1.7.1 2010—2014 年中国卷烟产量增长趋势

（来源：中商产业研究院数据库）

二、控烟大形势对烟包印刷的挑战

1. 烟包警示图片的印刷对烟包印刷的影响

随着吸烟人群越来越多，每年因为吸烟死亡的人数也越来越多，根据世界贸易组织（WTO）的统计数据，每年全世界因为吸烟死亡的人数高达 600 万，这其中有 540 万是吸烟者，也就是说每六秒钟就有一个吸烟者死亡。目前的吸烟者将会有一半死于吸烟引起的各种疾病，此外由于暴露在二手烟下的非吸烟者死亡数竟然达到了 60 万。在这样令人恐慌的数字面前，控烟甚至禁烟已成为全球趋势。由于烟草包装对吸烟者有较大的影响力，烟草包装也成为许多国家开展控烟行动的"前沿阵地"。越来越多的国家开始颁布相关法律，要求必须在烟草包装上印刷警示图片与警示文字。我国作为《烟草控制框架公约》的签约国，自 2009 年起，就已开始对烟草包装进行改革，《中华人民共和国境内卷烟包装标识的规定》中明确要求，中国烟草企业必须在烟包上印刷 30% 的警示图片与警示文字。2011年 8 月 8 日，中国烟草总公司发布的《关于进一步加大卷烟包装警语标识力度的通知》中对烟包警语标识做了进一步调整；自 2012 年 4 月 1 日起，警示文字字号将被加大。从国家对烟包印刷警示标语和图片的规定可以看出在日益严峻的控烟形势下，我国烟包印刷警示图片将是必然趋势，这势必会对当前的烟包设计和印刷工艺产生巨大冲击。

通过对市面上大部分烟草包装进行调查，我们发现中国的烟包几乎都是设计精美并配以多种印刷效果和防伪手段，与此同时，我国传统的香烟包装和我国传统烟包的设计具有浓郁的东方文化背景，色彩鲜艳，图案喜庆，具有强烈的中华民族风格，但与之相对应的烟包警示图片却是由吸烟引起的各种疾病病态的图片，这两种图案的风格显然是格格不入的。因此在我国烟包上警示图片的印刷并未真正施行，在烟包上印刷的仅仅是警示文字，这种现象一直为世界各国所诟病。

随着控烟形势越来越严峻，我国的烟包也渐渐出现了警示图片，但是在印刷警示图片的工艺上又出现了新的问题。根据笔者调查，中式烟包大多由大面积的色块辅以线条组成，这样的结构特点导致了在烟包印刷中凹版印刷工艺占据了主体地位。但是如果需要在烟包上印刷警示图片和警示文字，中式烟包就变成了"大面积色块＋线条＋图像"的组合体。这样的"组合体"的印刷不是单纯的凹印工艺就能够完成的，而擅长图像印刷的胶印工艺却可以很好地弥补凹印工艺在这方面的不足，因此出现了胶凹组合的印刷工艺，并且这将是烟包印刷警示图片的最佳选择。这种相比单纯凹印的复杂工艺的产生对于烟包印刷企业来说是巨大的挑战。

由于烟包印刷工艺日趋复杂，烟包印刷企业必须进行设备更新和技术升级，同时必须加强人才的培养，这就意味着烟包印刷的行业门槛将有所提升。对于一些中小型烟包印刷企业来说，还未生产就要先投入，这就意味着投资风险加大，同时对未来业务走势并不能明确把握。那么烟包印刷行业必定会经历惨痛的改革，在烟包印刷行业产业重组的过程中，设备陈旧、技术落后的烟包印刷企业必将被淘汰。

此外，从社会大环境来看，我国的控烟形势将会越来越严峻。因此，作为烟草企业的利益相关者，烟包印刷企业应时刻关注控烟相关信息与政策，并从设备、技术、人才等方面全面提升企业的竞争力。这样才能更好地面对日益严峻的控烟形势，在烟包企业重新洗牌的残酷局面中立于不败之地。

2. "禁烟令"的实施对烟包印刷的影响

北京市自2015年6月1日起实施了最严"禁烟令"，根据新规定，北京市全市范围公共场所、工作场所室内环境及公共交通工具内禁止吸烟；室外吸烟也有诸多限制。违者将处以个人人民币最高200元、单位最高10000元的罚款。

我们有理由相信，北京市不会是唯一实施禁烟令的城市，以后肯定会有越来越多的城市实施禁烟令，我们也可以预见在未来的 5 ～ 10 年内，中国烟草产量会出现增长缓慢，甚至下降的趋势，这种趋势对烟草企业和烟包印刷企业来说都是巨大的挑战，为了在这样的大环境下更好地生存，烟包印刷企业必须进行改革。由于传统烟包印刷量处于逐渐稳定的态势，烟包印刷企业必须寻求生产高附加值的烟草包装，例如采用新型的防伪技术，增大仿冒难度。采用环保材料，生产绿色环保型烟包,此外烟包印刷企业也同样需要寻求烟包印刷行业之外的业务来源。

三、电子烟对烟包印刷的影响

随着科技的发展，出现了电子烟这种新型的烟草产品。电子烟在面世之初，就以"烟草替代品"和"戒烟铲平"的定位抓住了部分消费者的心理。从外形上看电子烟与卷烟非常相似；从口味上看电子烟与卷烟味道相似，并且口味的种类多于卷烟；从产生废弃物上来看，电子烟没有烟灰和烟头。

作为微电子技术、生物技术、健康生活理念融为一体的新型产品，电子烟受到越来越多的消费者青睐。根据不完全统计，在美国和日本， 2011 年卷烟销量分别下降了 10.8% 和 2.8%，但电子烟的销售量却有显著增长。在欧洲市场上，传统卷烟同样受电子烟影响处于下降趋势。

因此可以说，传统卷烟行业受到了不小的冲击。如果说"禁烟令"是烟包印刷企业的"紧箍咒"，那么电子烟就是烟包印刷企业的"噩梦"了，我们都知道，烟包印刷企业能保持高利润的原因是烟包是一次性产品，而这种电子烟是可循环利用的，它的耗材只是一小瓶"烟油"，随着电子烟慢慢占领市场，势必导致未来传统香烟销量的下降，也就会对烟包印刷企业产生重大的不良影响。

在电子烟即将兴起的大时代，作为传统烟草行业的下游企业烟包印刷企业，也应该转变思维，发展与电子烟有关的烟包印刷，例如，根据消费者的需求，烟包印刷企业可以与上游烟草企业开展合作，共同研发某一品牌的电子烟，烟草企业着眼于电子烟的开发，而烟包印刷企业则着眼于特定品牌电子烟的包装以及烟油的包装，只有这样才能抢占先机，在激烈的竞争之中占据领先地位。

四、结语

就目前的形式来看，烟包印刷企业必须着眼于两点进行变革：一是对传统烟包产品提高印刷的科技含量，不断提升烟包防伪能力、采用新型绿色原材料，生产环保型烟包、更新烟包设计，提出烟包印刷精美外观与警示图片和谐共存的新型设计方案；二是应关注类似电子烟等新型产品和技术等传统香烟替代品或替代技术的发展，开拓与这些新产品的相关业务。

　　面临着巨大的机遇和挑战的烟包印刷行业，必会经历新一轮惨痛的产业变革，技术落后、设备老化、观念陈旧的企业必然会被淘汰。只有经历惨痛的产业变革，烟包印刷行业才能激发自身的内在潜力，突破层层艰难险阻，实现新的辉煌。

参考文献

[1] 宋慧慧 . 控烟形势下，烟包印刷何去何从 ? [J]. 印刷技术，2011（10）: 7-10.

[2] 光宇 . 烟包印刷"降温" [J]. 印刷经理人，2013（7）: 66.

[3] 李杰 . 烟包设计与烟包印刷发展趋势探讨 [J]. 现代装饰（理论），2011（8）: 163-164.

[4] 周明 . 烟包印刷的现状与发展趋势浅析 [J]. 印刷质量与标准化，2009（6）: 17-23.

[5] 佚名 . 防伪技术载体：精彩纷呈的烟包印刷防伪 [J]. 中国防伪报道，2005（1）: 9.

[6] 李保江 . 全球电子烟市场发展、主要争议及政府管制 [J]. 中国烟草学报，2014（4）: 101-107.

[7] 蒋举兴，者为，詹建波，等 . 电子烟的发展现状及其危害性 [J]. 安徽农业科学，2013, 41（16）: 7322+7353.

第二部分

印刷智能制造的理论内涵及生态模式

2.1 智能制造赋能包装印刷政策、实施路径及发展趋势 ①

一、智能制造总体态势

1. 背景

（1）我国制造业大而不强

2015 年，中国生产或组装了全世界 28% 的汽车、全世界 41% 的船舱、全世界 80% 以上的计算机、全世界 90% 以上的手机……中国已成为全世界的工厂。上述数据无疑是引人注目的。但是与发达国家相比，仍存在较大差距，人均工业产值上，也表现在创新能力、核心技术、产业结构、产品质量及高端装备等方面。

行业面临的挑战，即由中国生产的产品，许多还停留在附加值低、耗能较高的行业，再加上高污染带来的问题也加剧了复杂性。为解决这些问题，我国计划升级产业基础，在更高级的细分市场中展开竞争。

（2）发达国家在 20 世纪早期及中期进行了转型

日本和韩国的转型是在最近五十年内完成的，爬出"微笑曲线"的低谷，如图 2.1.1 所示，摆脱中等收入陷阱。如果中国要维持其在全球制造业 20% 的份额，爬出施振荣所提出的"微笑曲线"的低谷（获利低位），大量变革是必需的。

"中等收入陷阱"是指国家人均收入尚未达到高水平，经济增长就动力不足最终陷入停滞状态，在"十三五"规划中已被明确提及可能会出现。

（3）避免落入"中等收入陷阱"，必须依靠创新带动

经济所陷入的恶性循环始于企业层面的研发强度不足，相比世界先进的工业化国家，我国企业对研发的投入比例仅占到这些国家水平的 33%～50%。此外，

---

① 作者：齐元胜。

中小企业在研发上投入极少，但它们同时面临融资困难的问题。

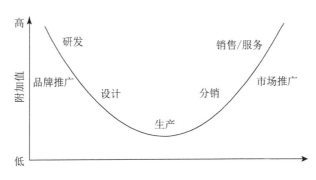

图 2.1.1　微笑曲线

创新能力弱和创新成果的低转化率造成中国很多中小企业较短的平均存续时间。那些存活下来的中小企业，很多遭受行业竞争不足的窘境，导致发展停滞并没有能力升级到产业链的高端。

与人口老龄化赛跑，实现先富再老。随着人口老龄化进程的加快，中国的适龄劳动力，即年龄在 15 岁至 59 岁的群体，正在逐步萎缩。据国家统计局报告，从 2013 年到 2014 年，劳动年龄人口缩减了 370 万人，而从 2014 年到 2015 年，又减少了 490 万人。

面对来自发达国家与发展中国家的双重挑战。发达经济体如美国、德国和日本，均有支持其本土制造业长远发展的政策。而新兴经济体如印度、巴西，也在利用其自身优势奋力追赶。

我国之所以将升级产业基础视为重点的一个信号——不仅是为守住当前的制造业，更是为了在价值链上游进行竞争。由于中国当前面对着可通过强化制造业的产业数字化来提升经济竞争力的机遇，这一升级尤为重要。

2."中国制造 2025"与"工业 4.0"

2015 年 3 月中国发布"中国制造 2025"，美国发布"先进制造业伙伴计划"，德国发布"'工业 4.0'战略计划实施建议"，日本提出"社会 5.0 战略"，英国提出"工业 2050 战略"，法国提出"工业新法国 2.0"，韩国提出"制造业创新 3.0 计划"，以上各国将智能制造作为构建制造业竞争优势的关键举措，并提出了相应的发展技术路线。

进入新时代的特征：信息化、网络化、数字化、智能化。以人为本、绿色环保的理念空前提升。海量信息，人们交往交流的需求在时间和空间上得到极大提升和满足。物质、能量、信息三大工业要素变换的速度、效率、质量要求越来越高。

3. 国家及时出台相关政策

德国将"工业 4.0"上升为民族战略,英国强势推出"英国工业 2025 战略";"中国制造 2025"发布引起全民轰动,第四次工业科技革命呼之欲出。在这场科技革命中,智能制造无疑将成为世界各国竞争的新战场。

近五年,国家相关部门相继出台了一系列政策,地方政府也相继出台了配套政策,广东、上海、北京、山东、江苏等省市尤其积极踊跃。例如,2019 年 11 月《关于推动先进制造业和现代服务业深度融合发展的实施》;2018 年 9 月《关于公布 2018 年智能制造试点示范项目名单的通知》;2018 年 8 月《国家智能制造标准体系建设指南 2018 年版》;2018 年 4 月《关于开展 2018 年智能制造试点示范项目推荐的通知》;2018 年 1 月《国家智能制造标准体系建设指南 2018 年版征求意见》;2017 年 11 月《高端智能再制造行动计划(2018—2020 年)》;2016 年 12 月《智能制造发展规划(2016—2020 年)》;2016 年 11 月《"十三五"国家战略新兴产业发展规划》(国发 67 号);2016 年 5 月《关于深化制造业与互联网融合发展的指导意见》。

这些政策目标旨在引导企业突破一批制约我国高端智能装备,加快智能制造装备发展,聚焦感知控制决策执行等核心关键环节,推进产学研用联合创新,攻克关键技术装备,提高质量和可靠性;向"中国制造 2025"重点领域,推进智能制造关键技术装备、核心支撑软件、工业互联网等系统集成应用,以系统解决方案供应商装备制造商和用户联合的模式,集成开发一批重大成套装备,推进工程应用和产业化。大力发展智能制造系统,加快推动新一代信息技术与制造技术深度融合,开展计算及计算通信与控制一体的信息物理系统顶层设计,探索构建贯穿生产制造全过程和产品全生命周期,具有信息深度自感知、智慧优化自决策、精准控制自执行等特征的智能制造系统。用具有自主知识产权的机器人自动化生产线、数字化车间、智能工厂建设,提供重点行业整体解决方案,推动传统制造业智能化改造,建设科技平台,完善智能制造标准体系。

二、智能制造的内涵

1. 智能制造的含义

智能（Intelligent/Smart）指从感觉到记忆到思维这一过程，称为"智慧"（Wisdom），智慧的结果产生了行为和语言，将行为和语言的表达过程称为"能力"，两者合称"智能"（Intelligent/Smart），将感觉、去记、回忆、思维、语言、行为的整个过程称为智能过程，它是智力和能力的表现。

智能制造（Intelligent Manufacturing，IM）是一种由智能机器和人类专家共同组成的人机一体化智能系统。在制造过程中能进行智能活动，诸如分析、推理、判断、构思和决策等。智能制造通过人与智能机器的合作共事，去扩大、延伸和部分取代人类在制造过程中的脑力劳动，能够极大地提高生产效率、生产能力并节省资源，是人类生产方式变革的重要方向。

2. 智能制造哲学

大家把智能制造当成了一个技术问题来看待，忽略了这些行动背后的思维和逻辑。

传统制造系统核心 5M 如图 2.1.2 所示，而智能制造系统核心是 6M，如图 2.1.3 所示，智能制造系统是靠模型驱动 5M 要素，模型学习积累经验，再调整模型；而传统的制造系统是靠经验驱动的，没有模型驱动①。

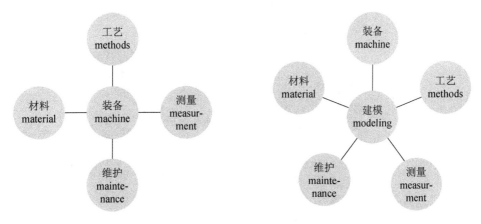

图 2.1.2　传统制造系统核心 5M　　　图 2.1.3　智能制造系统核心 6M

判断制造系统是否智能，要看能否学习人的经验，替代人来分析问题和形成

---

① 李杰. 从大数据到智能制造 [M]. 上海：上海交通大学出版社，2019.

决策；能否从新的问题中积累经验，避免问题再次发生。如果不能学习经验，不能从新的问题中积累经验，形成决策，避免问题再次发生就是智能的。

制造业价值逻辑经历四个阶段：第一阶段以质量为核心；第二阶段以流程改善为核心；第三阶段以产品全生命周期为核心；第四阶段以客户价值创造为核心。

当前，"中国制造2025"进入全面部署、加快实施、深入推进的新阶段，企业对于新一轮工业革命热情高涨，对于实现智能转型升级愿望迫切。

智能制造是"中国制造2025"主攻方向，智能制造的技术路线是"并行推进、融合发展"。

三、智能制造相关标准

工业和信息化部、国家标准化管理委员会印发《国家智能制造标准体系建设指南（2018年版）》，明确提出到2018年，累计制修订150项以上智能制造标准，基本覆盖基础共性标准和关键技术标准。到2019年，累计制修订300项以上智能制造标准，全面覆盖基础共性标准和关键技术标准，逐步建立起较为完善的智能制造标准体系。建设智能制造标准试验验证平台，提升公共服务能力，提高标准应用水平和国际化水平。

智能制造系统架构如图2.1.4所示，主要释义如下。

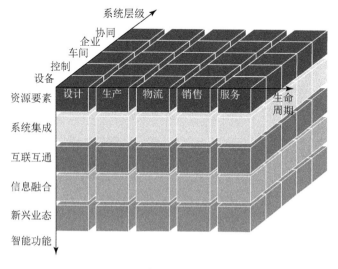

图2.1.4　智能制造系统架构

（1）系统层级坐标轴自下而上共五层，分别为设备层、控制层、车间层、企业层和协同层。

第一层设备层级是感知和执行单元，包括传感器、仪器仪表、条码、射频识别、机器等，是企业进行生产活动的物质技术基础；

第二层控制层级包括可编程逻辑控制器（PLC）、数据采集与监视控制系统（SCADA）、分布式控制系统（DCS）和现场总线控制系统（FCS）等；

第三层车间层级由控制车间 / 工厂进行生产的系统构成，包括制造执行系统（MES）等；

第四层企业层级实现面向企业的经营管理，包括企业资源计划系统（ERP）、产品生命周期管理（PLM）、供应链管理系统（SCM）和客户关系管理系统（CRM）等；

第五层协同层级代表产业链上不同企业通过互联网络共享信息，实现协同研发、智能生产、精准物流和智能服务等。

（2）智能功能坐标轴包括资源要素、系统集成、互联互通、信息融合和新兴业态五层。

第一层资源要素代表制造资源物理实体，包括设计施工图纸、产品工艺文件、原材料、制造设备、生产车间和工厂等物理实体，也包括电力、燃气等能源。此外，人员也可视为资源的一个组成部分。

第二层系统集成是指通过信息技术集成原材料、零部件、能源、设备等各种制造资源。由小到大实现从智能装备到智能生产单元、智能生产线、数字化车间、智能工厂，乃至智能制造系统的集成。

第三层互联互通是指通过有线、无线等通信技术，实现机器之间、机器与控制系统之间、企业之间的互联互通。

第四层信息融合是指在系统集成和通信的基础上，利用云计算、大数据等新一代信息技术，在保障信息安全的前提下，实现信息协同共享。

第五层新兴业态包括个性化定制、远程运维和工业云等服务型制造模式。

（3）生命周期坐标轴是由设计、生产、物流、销售、服务等一系列相互联系的价值创造活动组成的链式集。

生命周期中各项活动相互关联、相互影响。

在智能制造的大趋势下，企业从主要提供产品向提供产品和服务转变，价值链得以延伸。

四、我国包装印刷行业的智能化实施路径

1. 我国包装印刷行业的现状

截至 2019 年，我国包装印刷行业企业数量 10 万余家，从业人员接近 300 万人，数量虽然庞大，但行业整体处于价值链的中低端，劳动力密集，人均效率低，大而不强，实现高质量发展，急需转型升级。智能制造是现代工业发展的必然趋势，数字化、信息化和智能化的实现能够提高生产效率，提升制造精度，降低人工成本，促进未来工业发展。所以印刷智能制造是印刷实现高质量发展的必由之路。

包装印刷行业向着数字化、智能化方向发展的趋势明显，这一趋势的核心驱动力可以从三个方面来考虑。

（1）从经济体发展情况来看，目前我国印刷行业虽然已居世界第二位，但行业整体处于价值链的中低端，劳动力密集，人均效率低。国内百强印刷企业和美日等发达国家相比，仍然处在大而不强、缺乏自主创新意识与创新能力、高端设备依赖进口的地位。

（2）从市场需求的角度而言，随着中国人口红利的逐渐消退和劳动力成本的不断上升，以及社会保障体系的逐渐完善，个性化、多样化、网络化消费带来了巨大挑战，传统的生产模式已经很难应对市场，企业必须进行转型升级追求高质量发展，而实施智能化是必由之路。

（3）从行业的区域分布和发展上看，印刷行业的主要分布区域在不断变化，随着产业升级和转移、国家环保治理的要求变化，有逐渐从珠三角地区、长三角地区、京津冀向中西部转移的趋势。在这样一个变化过程中，能够实现全范围的智能化从而减少市场地域的影响，也是行业的需求之一。

《中国包装工业发展规划（2016—2020 年）》，工业和信息化部和商务部《关于加快我国包装产业转型发展的指导意见》，指出将绿色包装、智能包装、安全包装确定为包装工业的"三大方向"。开展四个提升：一是产业的标准化和绿色发展水平，二是产业的智能制造水平，三是产业的自主创新能力，四是产业的国际竞争能力。

2. 包装印刷行业实施智能化面临的问题

生产准备周期长；生产计划协调性差，作业调度困难。计划协调性不好，任务执行进度难以监控，物料状态难以跟踪，生产过程不确定性多；在制品管理困

难。由于品种多，工艺路线长，给管理带来诸多困难；色彩管理系统尚不健全，质量管理采取事后检验为主的管理方式，废品率得不到有效控制；订单量不太大，个性化、市场波动性大；前端设备进口为主，后端设备国产居多，衔接不好、转接部分靠人工；市场响应较慢；靠人工排产的多，ERP 智能化低；人员素质普遍较低，多数人靠经验，师傅带徒弟的多。

印刷包装行业智能化的难点：缺乏顶层设计和整体考虑；分期建设，存在大量非智能设备；异构系统多，通信协议种类多；产品设计未考虑信息交换，在制品缺少跟踪手段；工艺设计未考虑信息交换，生产系统缺少监视手段。

智能化生产的特征：识别能力，可以识别人的需求；计算能力，必要的计算、资源需求计算、最优实现路径的计算；分解能力，把实现需求的过程分解为基本步骤；计划能力，把实现需求的步骤统筹规划与安排；反馈接受与修正能力，实现过程的偏差需要及时调整与修正；质量保证能力，质量保证的过程在计划、标准、执行流程中得以实现；自学习与模仿能力，如在生产计划和执行过程中可以根据历史数据或趋势来调整，通过对人工参与判断决定的过程分析以得到经验。

智能化的关键支撑技术包括人工智能技术 5G、物联网与工业互联网技术、大数据技术、云计算技术、VR/AR 技术、工业 App 技术等。

3. 包装印刷智能制造的发展方向和模式

2018 年，工业和信息化部组织专家从 109 个国家智能制造试点示范项目中，总结了 9 种典型智能制造模式：①以满足用户个性化需求为引领的大规模个性化定制模式；②以缩短产品研制周期为核心的产品全生命周期数字一体化模式；③基于工业互联网的远程运维服务模式；④以供应链优化为核心的网络协同制造模式；⑤以打通企业运营"信息孤岛"为核心的智能工厂模式；⑥以质量管控为核心的产品全生命周期可追溯模式；⑦以提高能源资源利用率为核心的全生产过程能源优化管理模式；⑧基于云平台的社会化协同制造模式；⑨快速响应多样化市场需求的柔性制造模式。

（1）包装印刷智能制造的发展方向和模式

包装印刷企业是典型的离散型生产模式，根据印刷行业的特点，印刷智能制造模式可以侧重选择：①个性化定制模式；②全生命周期可追溯模式；③快速响应多样化市场需求的柔性制造模式；④基于工业互联网的远程运维服务模式等。

（2）包装印刷发展趋势

包装印刷智能制造是智能制造在印刷领域的应用，同时具有智能制造的属性和印刷行业的特点，智能制造要经历三个阶段，即数字化—网络化—智能化。由于包装印刷行业的特殊性，包装印刷智能制造的实现要经历四个阶段，即自动化 / 数字化—数字化—网络化—智能化。

2.2 我国印刷行业智能制造技术新应用和新进展 [①]

一、印刷行业进入高质量发展阶段

美好生活离不开印刷包装。自新冠肺炎疫情出现以来，印刷包装个性化需求进一步增加，要求市场相应灵活和快速响应。国外印刷包装行业也加快了业务和市场重构的步伐，用数字化、智能化技术进行改造、升级和重构。国内印刷行业数字化智能化步伐加快，而且成为行业广大同人的共识。各行各业出现了新的模式，既要符合高质量发展的要求，又要满足人们的美好生活需求，预示着数字经济时代的到来。

二、智能制造技术的新应用

从印刷大国向印刷强国转变，印刷智能制造作为主攻方向，是"工业4.0"在行业的具体应用，是系统化的模式创新，是系统化的技术集成创新。

模式创新是指在传统的生产销售模式上的理念创新，需要从制造业的价值逻辑阶段重新审视，四个价值阶段从"质量"到"改善流程"再到"全生命周期"上升到"为客户创造价值"，从以生产为中心向以客户为中心转变，也体现了以人为本的理念。

技术集成创新是指在传统技术的基础上，在印刷智能制造模式的指导下，综合利用自动化、信息化、数字化、智能化、网络化等技术进行集成和再创新。

（1）自动化是传统的技术，但是在不断创新应用，基于神经网络的反馈控制

---

① 作者：齐元胜。

技术，结合印刷彩色学，运用图像检测，在印刷过程中，考虑模型、控制器、提取和转移、自我监控和自我优化，实现印刷质量的闭环监控，已经取得的进展，未来在印刷中采用。

（2）德国工程师协会成立了 FA205 数字工厂技术委员会，对数字工厂的定义和操作说明进行了深入的研究。从德国对数字工厂的研究来看，数字工厂是一个数字模型、方法和工具，包括模拟和三维可视化的综合网络的总称。基于全面数据管理的数字工厂是对与产品相关的实体工厂的所有基本结构、流程和资源进行整体规划、评估和持续改进，数字工厂的实施目标体现在经济性、质量、通信标准化、知识的获取及保存五个方面。集成平台或管控平台，是集成、协作，发挥倍增效果的关键，以私有云与公有云的形式提供的网络相关软硬件基础，是形成数字化的基础和关键之一，协作可以使企业效率大大提升，而随着合作企业的数量增加，相应的潜力也在不断增加。

（3）在全面数据管理的基础上，实施数字化和智能化。数据采集是关键。基于边缘计算，大数据、智能传感器、云边协同等技术，印刷智能化的关键是数据采集和处理。数据分为三类：结构化数据、半结构化数据和非结构化数据，从数据中找到规律，归纳成知识，然后加以传承，替代传统制造的经验传授模式，建立数字模型，这就是智能制造的核心。目前，有不少企业上了不少所谓的信息化软件，但是没有形成知识产生和传递及运用的逻辑路线，所以在实施数字化智能化过程中，就会出现"只见树木不见森林"，没有真正把控自身企业的规律。

三、智能制造范例

近几年，我国印刷智能制造取得了长足的进展和可喜的成绩。部分细分领域领军企业不断探索智能制造新模式新理念，采用新技术集成，结合各自企业工艺和管理流程，部分在数字化智能化实施方面取得实实在在的业绩。

（1）入选国家层面的智能制造试点示范项目和智能制造优秀场景，如中荣印刷集团股份有限公司入选国家工业和信息化部公布的"2018年智能制造试点示范项目名单"，其主要通过实现智能化自动化产线互联互通，构建智能物流系统，包括行业最大单体立体库及 WMS 系统；构建生产运营管理平台和网络化制造资源协同平台，实现产品设计、供应链、服务链的协同；建设大规模定制服务平台，满足客户个性化需求；构建智能工厂数据汇聚与智能分析大数据平台，辅助工厂的运营决策。工业和信息化部等联合发布 2021 年度智能制造示范工厂揭榜单位和智能制造优秀场景名单。其中，安徽新华印刷股份有限公司和上海紫丹食品包装印刷有限公司入选 2021 年度智能制造优秀场景名单，典型场景名称分别是质量精准追溯、在线运行监测与故障诊断、先进过程控制、产线柔性配置。

（2）安徽新华印务有限公司将公司相关知识应用于产线系统的参数预置、数据分析处理，搭建了模块化柔性化能力；通过边缘计算与反馈控制，构建了生产线与信息化系统的协同运行；运用 5G 等网络技术进行产线数据传输，链接印刷智能制造公共服务平台，打造了安徽新华智印云。厦门吉宏科技股份有限公司、深圳劲嘉集团股份有限公司、鹤山雅图仕印刷有限公司、福建省金百利纸品有限责任公司、福建省文松彩印有限公司等在产线自动化、关键工艺环节智能化方面进行了卓有成效的实践。

（3）裕同科技建设的许昌智能工厂采用全新设计和仿真结合，将离散制造打造成具有工艺参数感知、数据分析的数字产线，将智能仓库管理和生产物料转运结合，大大提高了生产效率。汕头东风印刷股份有限公司、天津海顺印业包装有限公司、北京华联印务有限公司、北京盛通印务有限公司、江苏凤凰新华印务集团有限公司等在工厂智能化布局、印后及物料转运智能化方面作了卓有成效的实践。

（4）世纪开元智印互联科技集团股份有限公司专注于构建小批量印刷包装及个性定制生态系统，为企业和个人用户提供一站式场景化解决方案，是一种制造模式创新，在此模式下形成了"获取、处理并交付大规模、小批量订单的核心能力"。

四、我国印刷智能制造技术下一步的聚焦方向

针对印刷行业的发展和经济社会的不断变化，第四次工业革命带来的产业变革，不断满足人民美好生活需要，印刷智能制造需要不断调整实施策略。

（1）聚焦智能制造模式，具体围绕生产经营模式、服务模式等，面向客户的多模式、混合模式，面向未来的元宇宙生态模式等。

（2）总体布局设计，特别注重协同和管控平台的搭建。未来企业的成功关键在于进行资源协同、集中及分布式管控，以人为本的方法，适应性和灵活的制造

解决方案，VR/AR、人工智能、大数据、5G 和 6G 等技术的集成应用，这是系统布局智能制造的中枢。

（3）基于数字孪生的数字模型构建，是数字化的灵魂，是智能化的前提。在人机协同、共生、共存的理念下，构建工厂布局、工艺、设备、管理等数字模型，是智能制造的核心。

（4）从制造到服务的知识产生和传承，综合运用人工智能、大数据、云计算、人形机器人等技术，提高质量和效益，以人为本是智能制造的目标。

2.3　智造重构印刷元宇宙生态模式 ①

第六届世界智能大会聚焦"智能新时代：数字赋能　智赢未来"的主题，围绕人工智能、智能制造等前沿领域，发布了一批前沿技术、应用成果和行业标准。以智能制造为主攻方向的印刷行业如何从第六届世界智能大会中探寻新动能？且听专家从前沿技术和数据应用两方面进行解读。

在天津以线上线下相结合方式举办的第六届世界智能大会上，发布了 10 个"智能科技创新应用优秀案例"，世纪开元智印互联科技股份有限公司凭借"印刷行业大规模个性化定制解决方案"成功入选，成为印刷行业唯一入选案例。其专注于构建小批量印刷包装及个性定制生态系统，在制造模式的创新下形成了获取、处理并交付大规模、小批量订单的核心能力。

自新冠肺炎疫情暴发以来，印刷包装个性化需求进一步增加，要求市场相应灵活和快速响应。国外印刷包装行业加快了业务和市场重构的步伐，用数字化、智能化技术进行改造、升级和重构。国内印刷行业数字化智能化步伐加快，且成为行业广大同人的共识。

一、技术集成，真正把控智能化规律

印刷智能制造作为主攻方向，是"工业 4.0"在行业的具体应用，是系统化的模式创新，是系统化的技术集成创新。所谓模式创新，是传统生产销售模式上的理念创新，需要从制造业的价值逻辑阶段重新审视，从质量、改善流程再到全生命周期上升到为客户创造价值。

技术集成创新则是在传统技术的基础上，在印刷智能制造模式的指导下，综合利用自动化、信息化、数字化、智能化、网络化等技术进行集成和再创新。其中，自动化是传统技术，但在不断创新应用。基于神经网络的反馈控制技术，结

---

① 作者：齐元胜。

合印刷彩色学，运用图像检测，在印刷过程中考虑模型、控制器、提取和转移、自我监控和自我优化，从而实现印刷质量闭环监控的应用，目前已取得进展。

智能化的关键是数据采集和处理。数据分为结构化数据、半结构化数据和非结构化数据三类，从数据中找到规律，替代传统制造的经验传授模式，建立数字模型，这就是智能制造的核心。目前，不少印刷企业上新了信息化软件，但没有形成知识产生和传递及运用的逻辑路线，因此在实施数字化智能化过程中显得"只见树木不见森林"，这就是没有真正把控到智能化规律。

二、成果亮眼，领军企业创新卓有成效

近几年，部分细分领域领军企业不断探索智能制造新模式新理念，采用新技术集成，结合各自企业工艺和管理流程，在数字化智能化实施方面取得实实在在的业绩。

在入选国家层面的智能制造试点示范项目和智能制造优秀场景中，中荣印刷集团股份有限公司入选工业和信息化部智能制造试点示范项目名单，其主要通过智能化自动化生产线互联互通，构建智能物流系统，包括行业最大单体立体库、构建生产运营管理平台和网络化制造资源协同平台等。

安徽新华印刷股份有限公司和上海紫丹食品包装印刷有限公司入选2021年度智能制造优秀场景名单，典型场景名称分别是质量精准追溯、在线运行监测与故障诊断、先进过程控制、产线柔性配置。其中，安徽新华印刷将创新应用于产线系统的参数预置、数据分析处理，搭建模块化柔性化能力，构建生产线与信息化系统的协同运行，运用5G等网络技术进行产线数据传输，打造了安徽新华智印云。

厦门吉宏科技股份有限公司、深圳劲嘉集团股份有限公司、鹤山雅图仕印刷有限公司等在产线自动化、关键工艺环节智能化方面开展卓有成效的探索。天津海顺印业包装有限公司、北京盛通印刷股份有限公司、江苏凤凰新华印务集团有限公司等则在工厂智能化布局、印后及物料转运智能化方面进行了创新实践。

三、逐步探索，聚焦印刷智能制造模式

针对印刷行业的发展和经济社会的不断变化，印刷智能制造需要不断调整实

施策略。聚焦智能制造模式，围绕生产经营和服务，创新探索面向客户的多模式、混合模式，乃至面向未来的元宇宙生态模式。

　　从总体布局设计来看，要特别注重协同和管控平台的搭建。未来印刷企业创新升级的关键在于进行资源协同、集中及分布式管控。适应性和灵活的制造解决方案、VR/AR、人工智能、大数据、5G 和 6G 等技术的集成应用，是系统布局智能制造的中枢。

　　具体来说，基于数字孪生的数字模型构建，是数字化的灵魂，是智能化的前提。在人机协同、共生、共存的理念下，构建工厂布局、工艺、设备、管理等数字模型，是智能制造的核心。从制造到服务的知识产生和传承，综合运用人工智能、大数据等技术，提高质量效益，以人为本是智能制造的目标。

2.4　印刷行业实施智能化升级的精益策略分析 ①

一、精益生产

精益生产这一概念，于 1985 年开始，由美国麻省理工学院作为主导，耗资 500 万美元组织了世界上 17 个国家共计 53 名专家和学者，通过对汽车工业这一大批量生产方式和丰田公司生产方式（JIT）的典型工业为例，进行理论化后总结出来的，共计花费了 5 年的时间。丰田公司作为精益生产方式的创始者，其经济效益和利润总额就是对精益生产最好的诠释。在《财富》杂志于 2016 年发布的世界 500 强排行榜上，丰田汽车以 2365.92 亿美元的资产排在了第九位、汽车行业的第二位。并且通过对往年的汽车销售量报告进行研究发现，丰田汽车销量已连续多年位居世界第一。丰田公司 2019 年公布的销量数据表明，2019 年在全球累计出售 969.86 万辆汽车，比 2018 年增长 1.4%，连续四年实现销量增长，仅次于大众汽车，位居全球第二。统计数据表明，精益管理思想已被世界 500 强企业广泛应用，其中制造型企业满足全覆盖，服务型企业也达到了半数。

二、丰田精益生产模式

精益制造又被称为丰田生产方式（TPS），也可叫作准时生产，主要特点包括：连续物流、生产速率与顾客需求速率保持高度一致。物流由下制程"拉取"上制程而启动。丰田公司的生产体系所架构出的精益屋模型可以简要描述为：以构架为基础、以人员为核心。精益屋的根基是"丰田模式"的理念，与可视化管理相结合，在其特定标准化的流程操作下，实现生产均衡化。从图 2.4.1 中可以

---

① 此文刊载于《中国印刷》2020 年，作者：齐元胜、程前、李莉。

直观看出，精益屋的两根支柱分别为准时生产和自动化。准时生产是指在预期的时间内，生产数量正确的合格部件。为了实现这一目标，需要花时间进行一套持续性流程的规划，使用后拉式的制度，将后勤作业进行整合，确保能够快速切换生产工作。精益屋中的自动化并不是传统意义上的自动化，而是一整套自动化生产流程，在这种情况下能够实现就地品质管理，通过视觉、智能化设备和自动化流程控制，实现防错，能够在出现问题的时候自动停止。在这个精益屋的内部，是丰田管理模式下的人员与团队，通过严格的挑选和交叉训练，经过人事系统决策选出高质量的员工，保证各人都拥有共同的目标继而构成一个齐心协力的团队。同时，丰田的精益屋模型结构也在不断地修改和完善，持续保持活力，通过杜绝浪费来缩短生产流程，进而实现最佳品质、最佳成本、最短的前期、最佳的安全性和最高的员工士气。与此同时，丰田公司的精益生产还包括四个主要成功秘诀，分别是理念、流程、员工与事业伙伴和解决问题。理念必须着眼长期的思维，公司高层的管理决策要以长期的理念为基础，即便是牺牲了短期的财务目标也在所不惜。流程指的是杜绝浪费，这一环节包含比较多的内容，首先针对生产而言，工作标准化是基础，同时能够达到持续改进的效果，并且需要建立起不间断操作流程，便于问题的浮现，在设备和技术方面，只使用可靠的、经过充分测试的技术，其次针对产品需求而言，实施拉式生产制度，以避免生产过剩，而且使各个环节工作负荷水平稳定，达到生产均衡化，一旦出现问题，就立即停止生产。员工与事业伙伴层面，需要拥护并且竭力实现公司理念的领导者，尊重且激励员工及团队，与客户建立良好的信任关系。解决问题就是需要在这个过程中持续改进与学习，管理层面需要亲临现场进行查看以彻底地了解情况，在发现问题之后，不急于做决策，要与团队形成共识，作为基础，全面彻底地思考所有可能的选择，之后再进行决策。

图 2.4.1　丰田精益屋模型

在丰田公司精益生产概念问世之后，许多世界巨头企业都开始进行借鉴学习，接下来针对波音公司进行详细的解读。波音公司精益屋的基础是"6S"，第一个"S"指的是整理，在生产加工之前区分"要"与"不要"的物品，将不需要的物品进行清理，确保生产车间无杂物堆积；第二个"S"指的是整顿，将会被使用的东西进行定位和定量摆放；第三个"S"指的是清洁，将工作岗位时刻保持无垃圾、无灰尘的干净整洁状态；第四个"S"指的是规范，需要形成固化的操作流程，不仅是在岗位卫生清洁方面，还包含有操作安全等方面；第五个"S"指的是素养，这个环节主要指的是员工方面，所有工作都要成为员工的自觉行为，员工都能够齐心协力进行生产加工合作；最后一个"S"指的是安全，是最重要的一方面，因为安全是所有工作的保障，生产加工和企业运转都需要以安全为首要前提。

在"6S"的基础上，实现生产均衡化，这些都被看作波音公司的精益屋结构的基础。与丰田公司相类似，波音公司的精益屋结构也是以准时生产和自动化为两根支柱，不过两者的内容却有所不同。对波音公司的准时生产而言，主要指的是只生产客户所需要的一定数量的产品，并且在客户随时需要的时候就能随时实现生产，能够保证使用最少的材料、设备、劳动力和设施，换句话讲就是完全杜绝浪费现象。在波音公司的自动化方面，以高质量、高效率安全可靠的机器设备和标准规范的流程为基础，员工独立于机器，在生产加工过程中防错，不接受、制造以及传递缺陷。对于结构内部的主要元素：员工、材料和设备而言，标准化操作规范和全面性的维护是生产的前提和基础，在生产过程中使用看板生产，进而实现不间断的生产，在满足客户需要的同时，采用最优生产流程和方法。

三、印刷行业实施精益生产模式

"精益屋"模式广泛使用与生产制造行业,对于印刷业也具有深刻的指导意义。从生产难度上来讲，印刷企业属于高精度机械设备生产，整个生产工艺流程相对多数生产企业包括更多的环节。从印前到印刷再到印后加工，每一个工艺都需要进行多项操作。但是整个工艺流程又相对固定。相对固定的生产过程，使得生产模式相对固定，减少了生产过程中的不确定因素。由此来看，印刷企业有望实现"精益屋"式生产。印刷行业精益屋模型设想如图2.4.2所示。

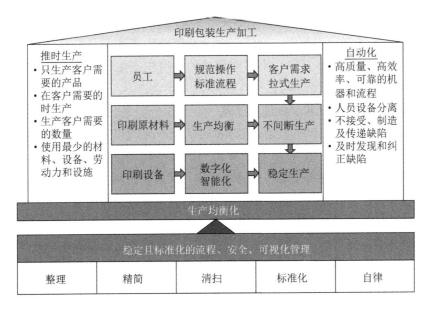

图 2.4.2 印刷行业精益屋模型设想

1. 自动化程度提高，逐步迈向智能化生产

印刷工艺是流水线生产，从印前—印刷—印后，遵循着不能改变的工艺流程。在生产过程中，每一个环节都需要熟练以及富有经验的工人进行准确的操作。根据企业调查发现，人力需求最多的是印后加工；对于技术要求最高的是印刷工艺。不论从哪个工艺研讨，都会发现无可避免地存在人工循环重复地解决着生产加工问题。尤其是中小企业，自动化程度严重偏低，在整个生产成本中，人工是除原材料外最大的支出。提高自动化程度，应该从最机械化的工作开始着手，如印后的检测、纸卷的搬运，印刷成品搬运。以上各工序都可以由较为简易实现的自控运输车实现自动化控制。当然以上关于企业自动化水平太高的程度还远远达不到精益生产的要求，但是可以从某些生产模块向精益生产靠拢，当生产材料通过自动控制解决之后，可以再尝试将更加复杂的生产环节交由自控负责运转。当每个模块全部完成自动化生产，且工艺之间能够完好衔接，则初步完成了全面自动化生产模式。再进一步优化生产路径，调整生产管理方案，增加生产云监督方法，最终实现全自动精益生产。

2. 严格规划生产路径，实现智能制造准时化

准时生产与企业自动化程度环环相扣。工人是存在生产感情的一个有机体，对于重复且机械的生产工艺存在多种不确定因素，可能因为心情低落或情绪高涨

影响实际的生产效果，即有人存在的生产必定存在"生产误差"。准时化生产要求企业全面完成自动化改造，能够按照全新精益生产计划严格完成保质保量的生产。同时能够完成多订单、不同印刷品的衔接生产是对于企业自动化程度的更高要求。

3. 减少浪费，保障智能制造低损耗

当企业全面完成自动化改造，实现准时化生产时，同时会有一极大优势凸显，那便是利润率的提高。其原因是，"严格"的生产模式会减少生产误差，严格保证生产的准确性，废品率下降、成品率升高，同时原材料的损耗降低，从多方面降低了企业的生产成本（同时也降低甚至大幅度降低了人工成本）。

4. 去库存，助力智能制造生产力

在生产效率提升以及降低生产成本的同时，印刷企业达到"精益生产"标准还有另一大优势，那便是去库存。当承接大批不同订单时，企业能够根据"严格的"产能以及生产效力，充分把握生产能力和生产时间，合理规划生产步骤，有条不紊地安排订单顺序、原材料采买、加工时间、订单衔接、产品出库、产品物流等一系列生产问题，从而达到在完成订单的同时实现仓储零库存。

四、精益管理策略及案例分析

在精益屋模型的基础上，对生产加工的过程进行精益生产改造，与此同时，在管理层面也不能采用原来的管理形式，否则也无法发挥精益生产的最大效果。在结合印刷行业谈精益管理之前，我们首先要明确"精益思想"这一概念。精益思想包含五项基本原则，分别是价值、价值流、流动、拉动和尽善尽美。价值这个就可以直观地从字面意思上进行理解，客户愿意付钱，企业能够提供合适的生产加工和问题解决方案，这就是价值，这个时候，不增值的活动就是浪费，是为精益思想所抵制的。价值流就是为了满足客户的要求而提供产品或服务的每一步骤，在这个理想的流程中，每一步骤都应该是增值、合理、柔性并且较容易实现的。流动就可以简单地理解为产品或生产加工的每一环节都不会产生停顿或反转，避免浪费，缩短流动周期的时间，在一定程度上降低成本实现增值。拉动指的是在生产加工中，由客户端拉动产品需求，每一工序都只需要拉动前一工序的产品，也就是精益屋中的看板生产，这样能够减少原材料的浪费。尽善尽美则是在生产加工整个流程中，进行完美的产出，尽量在零缺陷和无浪费生产的基础上进行快捷的交付。

　　简要对精益管理的原则进行总结可以有三个方面：首先，明确产品价值，这样能够使产品在其生产的过程中体现出自身的价值，需要对产品的市场价值进行分析，准确把握市场和客户的需求；其次，关注客户反馈，产品的生产面向的对象就是客户，客户的反馈价值能够反过来指导企业的生产过程，并且在反馈改进的过程中能够进一步与客户建立信任和长期合作关系，有利于企业发展；最后，最重要的是要关注价值流，前文已提及价值流的相关概念，企业在生产过程中需要将各个部门以价值流贯串起来，齐心协力进行合作生产。

　　对印刷行业的精益管理工作来说，需要结合"精益屋"结构的具体搭建情况，针对企业的具体情况，以精益思想为主要指导方针，进行精益管理的合理实施和改进。印刷行业在我国已经发展了很长时间，可以说从古代的活字印刷术出现之后便出现了印刷行业，因此印刷行业在一定程度上具有传统色彩。在这种情况下，一些传统印刷企业的职工在生产加工的过程中就会只关注印刷产品的生产加工方面，从而忽略了管理层面。在精益思想的指导下，企业管理层面要尝试改变职工的生产理念，在生产过程中一定要结合增值这一思想，进一步促进生产，避免浪费。与此同时，企业也应该明确管理目标和设定一些制度来指导生产。在生产过程中时刻坚持劳动力是产品生产的核心这一理念，培养综合高素质人才并且减少劳动力的消耗，在此前提下，就能够进一步精简生产时间，提高生产效率。

　　作为印刷装备制造企业，天津长荣的精益生产管理理念和做法处于国内同行业的前列，具有一定借鉴意义。在生产组织管理方面，长荣对原有生产制造流程中的各个环节进行了再分解、再细化、再优化、再改造的流程再造工作。建立起以 ERP、MES、库房管理系统、员工报工系统、设备稼动率监控、自动排产、生产调度中心看板等信息技术为基础的信息化生产组织管理系统。提出了制造要高品质、生产要高效率、综合要低成本、操作要守规范、服务要有保障的新企业理念。在生产执行中，持续推进一项减少七种"浪费"的计划，分别是空间浪费、时间浪费、人员浪费、机器浪费、材料浪费、运输浪费、切换浪费（切换浪费指的是在进行多品种机器零件或者产品加工时，因切换不及时或时间安排不当导致的浪费），每年对那些提出有效节省成本建议的员工给予奖励。在服务客户方面，长荣则致力于从印刷到印后满足不同用户的个性化定制需求，由用户需求拉动研发和生产。长荣的"悦""智""臻""梦"四款特性化产品，正是长荣自引进精益生产与管理理念后取得的成果。长荣精益管理如图 2.4.3 所示。

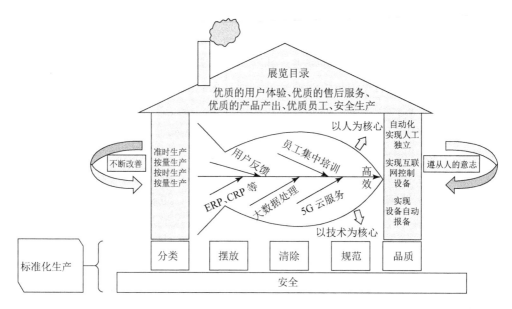

图 2.4.3　长荣精益管理

如今，印刷装备制造正以疾速而平稳的脚步走向"智"造，而取得的进步是与不断改善管理模式、减少浪费的重要举措分不开的。通过以安全生产为基础的标准化生产作为"地基"，自动化与准时生产作为"两根支柱"，技术和人员作为"内饰"，构建出了企业自身完整全面的印刷"精益屋"。

五、新冠肺炎疫情之下的精益对行业发展的作用

据中华印刷包装网报道，疫情之下的印刷设备制造厂家印刷设备出口受到严重阻碍，转而生产口罩机或口罩电焊机。天津某印刷设备研发科技公司在疫情期间，充分发挥自身优势，在疫情严防严控的情况下，仅用 15 天就实现了首条自产口罩生产线，又历经 10 天，MaskMatrix 200 型口罩机也已发运至全国各地口罩生产厂家；陕西某印刷机械有限责任公司因疫情口罩包装盒短缺，生产出适用于软包装行业的至睿"3.0"系列从而订单火爆。由此可知，疫情之下的印刷设备生产并未停滞不前，而是结合各自企业的优势，通过自动化的生产线以及客户需要，积极地对生产以及销量模式进行了调整。其实这些企业的举措就是精益生产中通过杜绝浪费资源积极地改变生产方式，进而提高产能、提升销量。

1. 疫情之下印刷企业的发展

再观疫情之下的印刷企业，受疫情影响，许多印刷企业都面临着同样的问题：员工复工问题、复工之后的防疫安全、海外订单急剧下降以及生产保障。疫情之下印刷企业的生产方式明显发生了一些特别的变化，由上文提到的波音生产方式过渡到印刷产业可知，之前产品订单的下降就会严重影响生产的流动性，没有足够的需求拉动生产，那么原材料的运输和印刷设备的维护就会大打折扣，从而就不能进行自动化、准时生产。面临以上问题，印刷企业要做的就是结合国内疫情大好的形势，积极开拓国内市场；而面向国外，则更要注重需求方面改善，因地制宜，调整方案，开展新的需求生产。产能提高了，设备的维护也就跟上去了，另外开展新的需求生产，也促进了印刷企业与印刷设备制造商的密切合作，为印刷设备精益管理模式与印刷企业精益管理模式上的沟通架构了桥梁。

2. 疫情之下客户需求的改变

客户的需求是产业发展的动力，受疫情影响，大多数企业一季度的订单会减少，但随着疫情过后的经济复苏，企业的订单会有爆发式的增长，"吃不饱"和"吃不下"所带来的后果一样严重。目前，我国正处于"吃不饱"向"吃不下"的重要转型阶段，一个好的管理模式显得尤为重要。在丰田精益生产模式的启发下，印刷企业要想解决即将来临的"吃不下"问题，就要统筹兼顾，在整个生产周期，首先要对新的规范化做出严格要求，规范化建立起来，才能在此基础上提到精益化。在这里，由于印刷企业与丰田生产方式在自动化程度方面存在根本性的差距，提高人工效率是短期之内的必由之路，建立在以标准化作业为基础、以人员为核心的精益管理模式应当引起广大印刷企业管理层的重视。

只有满足思维意识上的提升与改变，不断改进印刷企业的运营管理模式，印刷业才能在未来实现全方面发展。以精益的管理生产模式，实现 7 个 "零" 目标，使整个印刷业的面貌焕然一新。

六、结语

从印刷包装企业的目前市场情况来看，不论是大小企业，都面临着多重阻力，不仅在生产加工环节需要进行精益生产的优化改进，而且在管理层面也要结合精益管理的技术。结合本文对精益屋的分析和目前印刷行业的发展方向分析，不难看出，企业只有进行深刻的剖析和改变，再充分运用现有智能技术和设备，才能占有一定的技术优势，在目前这个受疫情影响的经济环境之下，实现升级改进，进而实现高效、环保和互联互通的生产服务模式。当然，企业的改进工作并非易事，还要结合企业自身的发展实际情况，进而才能保证企业的生产效益稳步提升，更好地立足于行业及市场。

参考文献

[1] 韦会儿. 关于包装印刷企业精益生产管理工作的思考 [J]. 中国管理信息化, 2020, 23 (02) : 98-99.

[2] 佚名. 克服疫情 不负使命: 努力推动印刷智能制造测试线项目 [J]. 今日印刷, 2020 (4) : 83.

[3] 陈惠佳. 企业管理中精益生产管理的应用分析 [J]. 现代经济信息, 2019 (16) : 106.

[4] 周小青. 疫情下, 印刷企业需要加速运营管理模式的蜕变 [J]. 印刷经理人, 2020 (2) : 52-53.

[5] Sachin Kamble, Angappa Gunasekaran, Neelkanth C. Dhone. Industry 4. 0 and lean manufacturing practices for sustainable organisational performance in Indian manufacturing companies[J]. International Journal of Production Research, 2020, 58 (5) : 1319-1337.

[6] 施华. 浅谈精益生产在生产线改善中的应用研究 [J]. 全国流通经济, 2020 (1) : 57-58.

[7] 贺鹏飞, 李刚. 精益生产方式在现代中小企业生产管理中的应用研究 [J]. 现代工业经济和信息化, 2016, 6 (19) : 116-118.

[8] 王淼. 智能化: 印刷智能制造加快落地实施 [J]. 印刷经理人, 2020 (1) : 16.

[9] 伍宏武. 现代印刷包装企业的智能制造之路 [J]. 印刷技术, 2019 (12) : 15-19.

[10] 齐元胜. 智能制造示范为印厂"打样" [N]. 中国新闻出版广电报, 2019-11-13 (D06).

2.5　印刷企业数字化转型研究 [①]

一、背景

　　"灯塔工厂"是当今企业数字化转型中的成功典范。本文通过对"灯塔工厂"成功因素进行分析，总结出打造端到端价值链是数字化转型的关键，并对印刷企业数字化转型的必要性和方法进行了探讨，提出了一套打造印刷企业端到端价值链的办法。

　　数字经济时代，企业数字化转型成为适应经济高质量发展阶段的最重要特征，也是提升企业竞争力的内在动力。不但新兴数字化企业在蓬勃发展，传统企业的数字化转型也是当下提高企业自身竞争力的关键。然而，当前我国印刷业数字化转型的程度远不及其他行业，如何抓住数字化转型的机遇，提升企业的竞争力无疑是接下来印刷企业发展的关键。在这样一个数字化转型浪潮的大背景下，"灯塔工厂"的成功案例无疑给我们指明了方向。

二、"灯塔工厂"是数字化转型的典范

1. 概述

　　"灯塔工厂"是对"工业4.0"的尖端技术（包括物联网、云平台、AR、VR、人工智能、智能制造等技术）进行应用的先进制造工厂。每一个"灯塔工厂"都应具备超强的平台化能力和创新构造能力，且在其所处行业能成功起到示范作用，可以体现其在行业中的突出表现和能力，是数字化转型的典范。

　　2022年3月30日，世界经济论坛（WEF）公布了第八批全球"灯塔工厂"

---

① 此文刊载于《智能印刷》2022年第5期，作者：朱瑞、齐元胜、王晓华、李娜、郭蓉。

的名单，在本次共 13 家"数字化制造"和"全球化 4.0"示范者入选者名单中有 6 家企业来自中国，分别是美的荆州冰箱工厂、美的合肥洗衣机工厂、海尔郑州热水器工厂、京东方福州 8.5 代线工厂、宝洁广州工厂以及博世长沙工厂。

至此，全球灯塔网络已拥有了来自世界各地的 103 名成员。"灯塔工厂"成立的最初想法便是利用数字化技术和新的工作模式来推动制造业的发展，实现企业的数字化转型。

2."灯塔工厂"的成功因素

企业数字化转型的道路并不好走，虽然很多企业开启了数字化转型的道路，但是由于种种原因，大多数企业还只是停留在起步阶段，并没有实现完全的转型。"灯塔工厂"的转型方法无疑对其他未转型或者转型中的企业有巨大的启示作用，这也是评选"灯塔工厂"的意义所在。通过对不同行业的转型案例进行分析，如图 2.5.1 所示，可以看出以"敏捷工作方式、敏捷数字工作室、工业物联网基础架构、工业物联网学院、技术生态系统和转型办公室"为核心的六大关键因素在企业完成数字化转型过程中起着至关重要的作用。

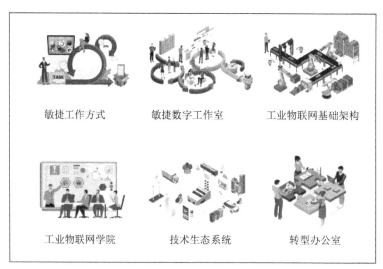

敏捷工作方式　　　　敏捷数字工作室　　　　工业物联网基础架构

工业物联网学院　　　　技术生态系统　　　　转型办公室

（资料来源：世界经济论坛全球灯塔网络，2022年）

图 2.5.1　"灯塔工厂"成功转型的六大关键因素

（1）敏捷工作方式

敏捷工作方式的核心思路就是将一个大的规模化目标分割成小的模块任务，这样可以逐步递进完成目标，将长期复杂的工作任务转变成周期性的小规模迭代，在周期性的过程中，不断地将数字化技术应用到实际生产中来，这样可以快速实现规模化的产业升级。

（2）敏捷数字工作室

敏捷数字工作室使人们能够有效地合作。在传统的生产开发团队中，受到各部门沟通不流畅的因素影响，很难快速应对市场的变化。敏捷数字工作室的出现有效解决了这种困局，而且开发团队可以与各个部门进行高效流畅的沟通，广泛吸纳员工参与，为企业内部的创新提供支持。

（3）工业物联网基础架构

数字化转型对企业的 IT 系统设施也提出了较高的要求，对于传统制造业来说，由于起步较早，所使用的 IT 系统与互联网架构往往不能满足当前需求。企业互联网和数据架构升级以确保适应发展需求也是十分重要的，这对企业数据流和物理流的互联协调有着重要保障作用。

（4）工业物联网学院

在数字化革命中，人才优势也是企业成功转型的巨大推动力。在产业升级中，由于数字化技术的大规模使用，技术人才的短缺也逐渐暴露出来，单纯依靠外部吸纳花费的时间和金钱成本高，通过工业物联网学院解决人才困境无疑是最好的选择。工业物联网学院利用内部和外部专业知识，采用成人学习的方式来重新培养和提升员工技能，利用企业资源培养员工，为企业培养符合转型需求的数字化人才团队。

（5）技术生态系统

在数字化转型过程中，企业通过互联网平台与不同行业开展合作，交换数据与资源来搭建自己的技术生态系统。通过与合作伙伴的技术交流和数据共享不仅可以提高企业研发能力，还可以拓宽技术渠道，开展多领域协调合作，使自己的智能生产水平达到一个新的高度。

（6）转型办公室

转型办公室的建立实现了一个支持决策发布和扩大规模的治理中心，可以把它理解为企业数字化转型中的大脑。它可以保证管理层与各级员工的流畅沟通和互动，可以自上而下地推广公司数字化转型中的各种决策，从而把握转型的大方向。

这些成功因素是企业推动数字化转型规模化扩展的动力，也是打造端到端价值链的重要基础。从供应商网络连接到端到端产品开发，从市场需求预测到数字化交付，最后与客户群体连接完成全价值链体系，"灯塔工厂"将这些推动因素广泛应用于全价值链体系，最后成功使企业完成数字化转型。

3."灯塔工厂"典型案例

（1）美国佛罗里达强生视觉护理公司

总部位于美国佛罗里达州的强生视觉护理公司通过数字化客户协作，建立端到端供应链可视化平台，在生产过程中完成基于工业物联网的先进流程自动化，最终实现了大幅度的成本降低和销售额的增长。美国强生视觉护理公司端到端价值链如图 2.5.2 所示。

（资料来源：世界经济论坛全球灯塔网络，2022年）

图 2.5.2 美国强生视觉护理公司端到端价值链

美国强生视觉护理公司的数字化转型实现了客户的个性化体验，确保可以快速灵活地完成订单需求。强生公司采用数字化客户协作实现了智能便捷订购和支付。端到端可见性和实时跟踪创建了与客户的数字化链接，根据需求优化了产品的生产、测试和销售，满足了客户需求。生产过程中通过对自动化、机器人技术的大量使用大大降低了人力成本，并利用智能视觉成像和扫描技术来提升产品的制造、测试和销售能力。

最终，数字化的成功转型使得美国强生视觉护理公司提升了 40% 客户的转化率，降低了 30% 的生产成本，提高了 10% 的设备综合效率，同时实现了接受订单的 24 小时内发货的流程。

（2）中国某汽车 C2B 工厂

面对复杂的外部市场环境以及消费者个性化的需求，中国某汽车生产商有针对性地开展大规模定制化的新模式。利用数字化技术打造从上游供应商到下游客户的一整条价值链，灵活调整生产模式，不但提高了生产效率而且降低了成本。

C2B 业务整体架构如图 2.5.3 所示。该公司基于消费者个性化的需求，通过改进

C2B 的新技术和用户体验模式来提高市场竞争力。凭借自身柔性化、个性化的制造体系能力，通过"工业 4.0"技术，以用户为中心，实现企业数字化和平台化转型。

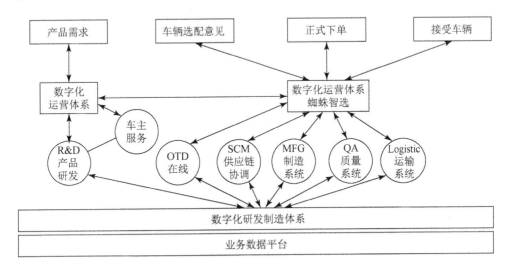

图 2.5.3 中国某汽车工厂 C2B 业务整体架构

数字化的成功转型使得该公司取得了巨大成功。其中，数字化质量管理实现了 30% 生产效率提升；生产中使用孪生技术缩短了 35% 筹备周期；建立数字化供应链提升了 20% 的生产效率；智能工艺研发设计实现了 15% 配置精度。

三、印刷企业数字化转型的必要性

1. 我国印刷企业的现状

在刚刚过去的 2021 年中，我国印刷产业面临的形势十分严峻。根据截至 2022 年 3 月的数据统计（数据来源于国家统计局），2020 年受到疫情的冲击各项数据都来到了低谷，印刷业也不例外。如图 2.5.4 所示，2021 年后情况逐步回暖，但增速还是有很大的下行压力，相较于国际市场的下行趋势，各项产业的稳步恢复也展现出我国经济的强大韧性和活力。

进入 2022 年后，受到全国疫情反复的影响，各产业始终无法回到全力生产的状态，相较于智能化、数字化程度更高的汽车制造业和互联网企业来说，传统制造业受到的冲击和影响更加明显，这也进一步刺激着越来越多的传统印刷企业走向数字化转型的道路。

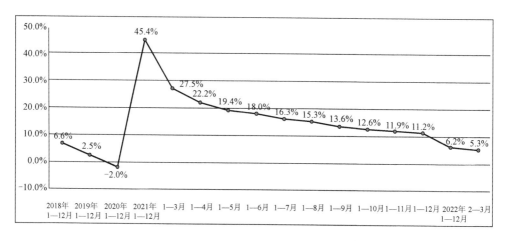

图 2.5.4　2018—2022 年 3 月印刷和记录媒介复制业增加值增速

依托互联网和数字化技术，改进生产工艺和方式，搭建数字化生产链，加速数字化转型，构建新的产业体系成为我国当前印刷企业的重要发展方向。

2. 我国印刷企业转型的必要性

随着"工业4.0"的节奏加剧，越来越多的印刷企业选择对工厂进行升级改造，但至今我国还没有一家印刷企业进入"灯塔工厂"名单。一方面，受制于传统制造业的劣势，信息化程度低，设备数字化程度弱，设备之间缺乏互联互通，企业信息安全与设备数据安全存在较大的隐患等，都导致我国印刷企业数字化转型不高。另一方面，我国虽然有众多印刷企业，但完成数字化转型的企业不足 1%，企业转型之路任重道远。

目前，我国印刷企业虽然工厂数量很多、种类很全，但单个工厂体量规模不大。以及受到疫情冲击的影响，原材料价格的上涨也给企业带来负担，总体市场也受到了波及，消费者个性化的需求也对企业柔性化生产能力提出更高要求。我们应该清楚地认识到数字化转型是新一轮的科技革命，是不可逆转的时代潮流，传统印刷企业应该顺应时代潮流，积极投身数字化转型的浪潮中去。

四、印刷企业数字化转型的方法

1. 印刷企业数字化转型的关键

印刷企业的数字化转型是一项长期而又紧迫的战略性任务，作为传统制造业，难免会在转型期时遇到各种困难与问题，而"灯塔工厂"作为引路明灯的作用便发挥出来。在观察众多"灯塔工厂"的成功案例后，我们不难发现端到端的价值链体系无疑是数字化转型成功的关键所在。

印刷企业的"端到端价值链"包括上游原料供应商、企业管理部门、技术团队、生产工厂、互联网大数据平台和销售网络等。在数字化技术的帮助下，这些部门能够实现彼此间深层次的沟通，按照需求和批量快速定制产品，提供个性化服务，灵活调整生产模式以快速应对市场的需求波动。此外，印刷企业通过大数据平台以及消费者反馈对未来市场做出预期，及时调整工厂生产策略，不断优化整个价值链体系。

2. 印刷企业的端到端价值链

本文根据印刷企业数字化转型的需求，提出了一套印刷企业端到端价值链的体系，如图 2.5.5 所示，通过连接印刷企业生产销售的各个环节来提升客户的购买体验和使用体验。

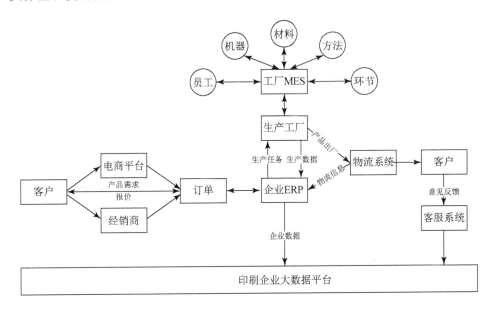

图 2.5.5　印刷企业端到端价值链

首先，客户在企业的经销商或网络电商平台上下单并提出个性化需求，根据客户的不同需求，系统自动生成报价，经由审核后转入企业资源管理系统（ERP）模块，做到及时、快速反馈。

经由 ERP 模块处理后，制定的生产数据通过总控制台集中派工后得到各车间的生产任务。车间工作人员根据生产任务开展作业，机器感知系统实时监测生产数据并反馈给控制台，使工作人员可以随时掌握生产进度。印刷车间搭建的企业制造执行系统（MES）统筹管理车间内的工人、机器、物料、方法和环节，做到实时反馈，针对异常情况及时进行处理。订单数据生产数据和财务报单由 ERP 系统汇总处理后传输至企业大数据平台。

生产完成后经由 ERP 调配进入物流系统，根据仓库库存信息及时补货。发货后可以实时更新订单状况，使消费者可以及时了解物流配送信息，直到产品到达消费者手中。消费者根据使用情况，将自己对于产品的满意度反馈给公司，公司将这些意见数据作为今后产品改进的参考。

所有订单、生产、销售数据和客户反馈信息都汇入企业的大数据平台，作为对未来市场的一个预期，也可以通过分析数据找出价值链的不足并加以改进。

五、结语

当前，受疫情影响，印刷业市场受到了一定的波及，也更加需要印刷企业对市场有准确的预期和判断。消费者的个性化需求也对企业小批量、定制化提出了越来越高的要求。印刷企业通过打造端到端价值链不仅可以降低生产成本，加快生产速度，而且可以更好地适应多变的市场，满足消费者的个性化需求。印刷企业也需要根据自身经营状况和市场需求选择合适的方式进行数字化转型，最终完成产业升级。

第三部分
印刷智能制造体系

3.1 印刷包装智能工厂 花开正当时 ①

当前，我国印刷包装业呈现以下四大特点：

（1）产业规模越来越大。2016 年总产值已经位列世界第二。

（2）企业数量多。全国拥有印包企业 10 万多家，单个企业规模小、分布广。

（3）企业参差不齐，水平差距较大。有的已经达到国际一流水准，有的却仍在使用落后的机器。

（4）占地面积大，消耗资源多，多属于劳动力密集型企业，人均产出效益低。

《中国制造 2025》提出后，印刷包装企业面临着巨大的转型压力，而且时间紧迫，必须寻求突破。面对产能过剩、劳动力成本大幅攀升、企业招工难、环保政策越来越严苛、客户个性化需求日益增长、市场竞争逐渐从国内转向国际竞争等方面的挑战，企业要想生存必须从低成本竞争策略转向建立差异化竞争优势，寻求特色发展。

移动互联技术、信息技术、物联网、大数据与云计算、协作机器人、3D 打印、预测性维护、机器视觉等新兴技术的快速兴起，为企业实施智能制造，推进智能工厂建设提供了良好的技术支撑。

工业和信息化部从 2015 年开始推进智能制造和智能工厂示范基地建设，经过两年的探索，2017 年逐渐进入快速推进期，工业和信息化部及各地方政府相继出台政策大力扶持。各行业中越来越多的大中型企业开启了智能工厂建设的征程，印刷包装企业也要搭上这趟转型列车。

一、内涵与特征

1. 智能制造内涵

智能制造是基于新一代信息通信技术与先进制造技术深度融合，贯穿于设计、

---

① 此文刊载于《印刷工业》2017 年第 9 期，作者：齐元胜。

生产、管理、服务等制造活动的各个环节，具有自感知、自学习、自决策、自执行、自适应等功能的新型生产方式。

目前我国制造业尚处于机械化、电气化、自动化、数字化并存的状态，以及不同地区、不同行业、不同企业发展不平衡的阶段。发展智能制造面临关键共性技术和核心装备受制于人，智能制造标准、软件、网络、信息安全基础薄弱，智能制造新模式成熟度不高，系统整体解决方案供给能力不足，缺乏国际性的行业巨头企业和跨界融合的智能制造人才等突出问题。与工业发达国家相比，推动我国制造业智能转型，环境更为复杂，形势更为严峻，任务更加艰巨。我们必须遵循客观规律，立足国情、抓住全球制造业分工调整和我国智能制造快速发展的战略机遇期，走出一条具有中国特色的发展道路。

2. 智能工厂的内涵

智能工厂是实施智能制造的组织形式，其目标是提高产品质量、提高产品精度、减轻员工劳动强度、减少劳动力、节约资源等。狭义上，智能工厂是移动通信网络、数据传感监测、信息交互集成、高级人工智能等智能制造相关技术、产品及系统在工厂层面的具体应用，以实现工厂级生产系统的智能化、网络化、协同化、柔性化、绿色化。广义上，智能工厂是以制造为基础，向产业链上下游同步延伸，涵盖了产品全生命周期智能化实施与实现的组织载体。

"中国制造2025"和德国"工业4.0"，都是根据本国国情提出的，各国对智能工厂理解不同。例如，美国的IBM公司认为智能工厂是"智慧地球"概念在制造业的延伸，在数字化工厂的基础上实现智能系统、绿色制造和物联网的综合集成应用；德国的西门子公司认为智能工厂是基于"工业4.0"，将互联网技术与网络物理系统相结合，实现研发设计、生产制造、过程管理各个环节的全方位信息覆盖及优化；中国部分企业认为实现智能工厂立足行业转型升级，推动设备网络化、柔性化、智能化改造，以机器人、在线检测、远程诊断、工艺数据库管理、智能挖掘为着力点。

3. 智能工厂的主要特征

根据目前对智能工厂的各种理解，可综合归纳为以下六个方面的特征。

①物物相连。将工业传感器、智能控制系统、嵌入式系统、网络通信设施等融合形成信息物理系统，使得人、设备、产品、系统等在网络环境下持续进行信息交流与数据共享，由SCADA（数据采集与监控系统）实时采集设备的状态，生产完工的信息、质量信息，并通过应用RFID（无线射频技术）、条码等技术，实现生产过程的可追溯。

②移动互联。移动互联技术逐渐深入研发设计、生产制造、过程管理等环节，完成对 CAD、ERP、CRM 等的移动化改造以及对生产车间机器、产品等数据的实时采集，广泛应用 MES（制造执行系统）、APS（先进生产排程）、能源管理、质量管理等工业软件，实现生产现场的可视化和透明化，实现生产、运营、管理模式创新。

③整体可视，充分结合精益生产理念。通过可视化软件、移动互联等技术和产品的应用，将生产状态、工业视频等信息高度集成和融合，加强对空间信息的管理，使生产管理者、运营者、操作者等不同角色人员能够实时准确把握其需要的信息，以便及时发现问题、解决问题，能够实现按订单驱动和拉动式生产，尽量减少在制品库存，消除浪费现象。

④绿色节能。能够及时采集设备和生产线的能源消耗，实现能源高效利用。在危险和存在污染的环节，优先用机器人替代人工，能够实现废料的回收和再利用。智能工厂的制造过程持续优化，原材料、电力、水资源、机械运转和人员等各种形式的浪费不断减少。

⑤开放易扩展。智能生产设备依托网络化的开放环境实现较强的扩展性，同时智能工厂内的生产及控制系统采用网络化分布的组合形式，系统具有较高的兼容性，能够通过计算机网络远程共享数据资源。小批量、多品种的企业则应当注重少人化、人机结合，不要盲目推进自动化，应当特别注重建立智能制造单元。工厂的自动化生产线和装配线应适当考虑冗余，避免由于关键设备故障而停线；同时，应当充分考虑如何快速换模，适应多品种的混线生产。

⑥可持续演进。信息网络技术升级速度快、更新空间大的特性，决定了智能工厂的形态与功能必然不会一成不变，而是表现出明显的持续演进特征，主要体现在人机交互创新、实时分析规划、自主学习维护三方面。

二、实施智能工厂的可行性分析

智能工厂的建设充分融合了信息技术、先进工艺技术、自动化技术、通信技术和人工智能等技术。企业在建设智能工厂时，应该考虑如何能够有效融合这五大领域的新兴技术，并与企业的产品特点和制造工艺紧密结合，确定自身的智能工厂建设方案。

笔者从技术成熟度来分析，实施印刷包装智能工厂的可行性。本方法从管理水平、业务水平、硬件水平、软件水平、人才水平、绿色环保水平去评价，将企业分为高、较高、中等、较低四个等级。管理水平包括管理理念是否先进，是否以人为本，是否快速响应等；业务水平包括应用网络信息能力、业务流程是否科学等；硬件水平包括设备是否数字化，智能设备配套情况；软件水平包括采用的软件是否统一，是否智能化，是否采用大数据和云计算等；人才水平包括人员学历、专业方向，是否有专门人员、培训教育等；绿色环保水平包括绿色认证、绿色设计、绿色回收等。处于高水平的企业可以率先实施智能工厂，较高水平的可以尽快考虑，而处于中等及以下的则需要好好补课。

三、存在的问题

智能制造和智能工厂的推进目前处于起步阶段，许多企业在推进智能工厂建设方面，还存在一些误区，综合分析如下。

（1）对自己企业了解不深、了解不透。数字化、信息化是智能工厂建设的基础。数字化不是停留在口头上，业务数据、商务流程数据、管理、调度、生产数据、客户关系数据、技术参数等是否数字化？流程再造方面是否需要优化等都要考虑。设备互联互通是软硬件基础，目前的设备是否具备数字化？是否可以联网？是否可以改造等。

（2）对智能工厂的架构系统思考不够。智能工厂与智能装备、自动化控制、传感器、工业软件等领域的供应商，集成难度大。很多企业不仅存在诸多信息孤岛，也存在很多自动化孤岛，自动化生产线没有进行统一规划，生产线之间还需要中转库转运。未来工业元器件和网络速度发展很快，因此要统筹考虑，留有一定的余量。

（3）智能工厂不等于无人工厂，存在盲目性。很多制造企业仍然认为推进智能工厂就是要实现自动化和机器人化，因而盲目追求"黑灯工厂"，推进单工位的机器人改造，推进机器换人，只能加工或装配单一产品的刚性自动化生产线，只注重购买高端设备，但却没有配备相应的软件系统。

（4）智能工厂的实施没有固定的模式。在智能制造的标准方面，还有很多属于空白，需要进一步加强。这需要设备供应商、材料供应商，结合工艺流程等统一协调协商，在标准部门领导下形成标准，然后快速执行。建设智能工厂一般需要经历以下几个阶段：

学习和认识阶段：企业的领导、技术人员、中层骨干要率先学习、了解、考察，学习实施智能工厂的目的和意义、智能工厂的内涵特征、实施要点等。

可行性分析阶段：正确认识目前企业的现状，首先是业务结构、发展方向等，处于智能工厂建设的哪一个阶段。

实施计划指定阶段：从哪个方面入手，找专业机构进行分析咨询，开展可行性分析。

寻求支持阶段：与地方主管部门联系，获得地方的支持。

实施准备阶段：前面的几个阶段可以分步实施，也可以同步考虑，不必要按照时间顺序去考虑。

建议企业首先从理念上了解，分析企业存在的问题，围绕智能制造大方向进行改革，逐步建设智能工厂。此外，企业也可借助外力提升员工在这方面的素养，如北京印刷学院机电学院与中国印刷及设备器材工业协会印刷机分会联合举办的智能制造培训班就可以帮助企业培养有关智能制造、智能工厂的人才。

3.2　印刷智能制造关键技术研究进展 ①

一、我国印刷行业现状

智能制造是基于新一代信息通信技术与先进制造技术深度融合，贯穿于设计、生产、管理、服务等制造活动的各个环节，具有自感知、自学习、自决策、自执行、自适应等功能的新型生产方式。其是现代工业发展的必然趋势，数字化、信息化和智能化的实现能够提高生产效率，提升制造精度，降低人工成本，促进未来工业发展。

截至2019年底，我国印刷行业企业数量约9.8万家，从业人员接近300万人，但行业整体处于价值链的中低端，劳动力密集，人均效率低，大而不强，急需转型升级。印刷智能制造是印刷业实现高质量发展的必由之路，然而，当前智能化印刷设备的发展相对缓慢，与之相关的研究普遍较少，印刷业发展尚处于智能制造的初级阶段——数字化阶段，相对滞后于其他行业发展水平。企业内生产设备品种多、通信协议等处理困难、自动化与数字化改造成本偏高、企业精益管理理念实践不足、不同企业发展技术及管理水平差别较大、缺少统一的智能化改造标准和个性化解决方案、行业发展平均水平低等综合因素限制了当前印刷智能制造的发展。

本文基于我国印刷行业发展现状，分析印刷智能制造关键技术、单元技术和集成技术在行业中的应用，指出了实施印刷智能制造的难点，提出实施策略，以期为印刷企业实施智能制造和建设智能工厂提供指导。

---

① 此文刊载于《数字印刷》2021年第3期，作者：齐元胜、高溯、吴萌、张永立、赵世英、罗学科。

二、印刷智能制造的内涵及模式

1.印刷智能制造的发展阶段

印刷智能制造是基于新一代信息通信技术与先进制造技术深度融合，贯穿于设计、生产、管理、服务等各个环节，具有自感知、自学习、自决策、自执行、自适应等功能的新型印刷生产方式。通常来看，智能制造需经历三个阶段，即数字化、网络化、智能化，而结合印刷行业的特殊性，印刷智能制造的实现则要经历四个阶段，即印刷制造自动化/数字化、印刷制造数字化、印刷制造网络化、印刷制造智能化。

相比于其他行业，规范的印刷企业管理基础和效益较好，有技术升级的经济基础和强烈意愿，生产技术转型的重点在于生产线自动化改造，应在实现局部生产自动化的基础上，对传统印刷的关键工序进行数字化改造。

印刷制造数字化是印刷生产工艺和数字化技术的深度融合，对以"印前—印刷—印后"为主线的全产业链进行生产工艺参数感知、生产状态的数字化标定、边缘计算感知设备研发、辅助工艺决策，实现生产状态基于经验的定性分析向基于数据的定量分析的转变，提高生产效率和管理精益化水平。

印刷制造网络化是印刷制造数字化产生的单元技术和单元模块进一步集成，是印刷企业管理水平、协同生产方式和数据的互联互通等方面的提高阶段，初步具备数据的处理、筛分和数据空间的构建能力，对物联网、工业互联网、云计算等技术的实际应用提出更高要求，信息安全成为企业水平的重要评价指标，生产数据成为企业的关键信息资产，为印刷制造智能化的实现提供原始学习数据。

印刷制造智能化是在数据分析的基础上进行的经验转化、知识生成和脱离人为生产指导的自适应生产，印刷生产设备的控制系统和执行系统通过机器触觉、机器视觉进行生产状态的设备监测和预测性停机、报警、维护，在智能算法和信息设备支持下能够进行数据的实时处理、异常数据学习和关键数据的本地存储、释放，以便于生产状态回溯、监控和避免数据冗余。

2.印刷智能制造的发展模式

2018年工业和信息部组织专家从109个国家智能制造试点示范项目中总结了9种典型智能制造模式：①以满足用户个性化需求为引领的大规模个性化定制模式；②以缩短产品研制周期为核心的产品全生命周期数字一体化模式；③基于工业互联网的远程运维服务模式；④以供应链优化为核心的网络协同制造模式；⑤以打通企业运营"信息孤岛"为核心的智能工厂模式；⑥以质量管控为核

心的产品全生命周期可追溯模式；⑦以提高能源资源利用率为核心的全生产过程能源优化管理模式；⑧基于云平台的社会化协同制造模式；⑨快速响应多样化市场需求的柔性制造模式。

与石化、乳业、制药等行业典型的流程型生产模式不同，印刷行业的产品特征及生产任务呈现出品种多、批量小、周期短等离散型生产模式特性，该模式下的产品对专用工艺、设备等依赖性较大，生产过程中人工干预多。所以，印刷智能制造模式可以侧重选择以上所述的大规模个性化定制模式、全生命周期可追溯模式、快速响应多样化市场需求的柔性制造模式等。

3. 传统工厂与智能工厂的区别

传统制造依赖于经验，现代制造依赖于数据，计算机具备人类无法比拟的计算能力和计算优势，能够通过机器学习的方式将零散的、难以继承的经验转化为集成的、容易传递的知识，大幅降低人工成本和技术培训的时间成本。机器操作避免了工人因疲劳、情绪、操作惯性等主观不可预测因素造成的效率下降、操作不当等危险。

在最早的手工作坊中，工人承担产品制造和生产材料运输两项工作，蒸汽机的出现解决了动力问题，以加工机床为代表的加工设备取代了工人的部分劳动，传统工厂工人以劳动力输出为主要输出形式，机床承担了主要加工工作，工人完成物料运送、质量检测、生产调度等工作。

在智能工厂中，通过工业软件进行管理，云计算与物联网传递控制指令，人工智能使机器具备学习和自适应能力，工人以监管者和维护者的身份处理工厂运行中可能出现的问题，在处理存在问题的基础上，发现新问题，通过调整模型来解决问题并进行自学习，达到自调整、自优化的目的。

印刷智能工厂通过 ERP 系统处理订单业务，管理库存，辅助生产决策；通过 MES 系统进行生产排程，向设备发送生产指令；在设备上布置传感模块或提取内置传感器的信号将印刷生产设备运行状态数据化，通过物联网将数据传输到云端服务器，通过大数据技术对生产数据进行处理，实时监测设备工作状态，对可能产生故障的设备进行停机报警；印刷产品设置信息标签，即产品 ID，以实现产品全生命周期管理；工业相机、上位机等硬件与机器视觉、深度学习等人工智能技术结合，形成边缘计算模块，对产品进行质量检测；高清图片的传输较慢，快速生产需求要求极高的信号处理速度，采用 5G 技术提高数据传输速率；印刷原料如纸张和需要运往下一个工艺单元的印刷半成品通过智能仓储系统，以工业机器人和 AGV 为执行终端完成自动运输。

三、印刷智能制造关键支撑技术

印刷智能制造关键支撑技术包括支撑印刷智能制造发展的新一代信息技术、智能技术及装备以及实现精益管理的先进管理理念和管理策略等，是当前先进技术、理论、装备的深度集合和广泛协作。

1. 人工智能技术

人工智能（Artificial Intelligence，AI），致力于利用自动机模拟人的思维过程，研究智能形成的基本机理。人工智能技术是印刷智能制造自适应功能实现的支撑技术，利用人工智能技术将企业管理经验和印刷生产过程中的数据转化为知识，在此过程中进行深度学习，进行推理、判断、学习、提高，可以达到自主纠错、自主思考、自主适应不同工作环境。

在印刷智能制造中，人工智能技术可以应用到印刷装备结构优化、动态监控、预防性维护，高速印刷过程中的异物检测和紧急停机，印刷成品的质量检测，企业精益管理水平的提升等方面。例如，利用梯度下降法、遗传算法等函数逼近思想和工业算法，对比在不同设计参数下的印刷设备成本和设备工作性能，自动生成最优的设计方案；基于神经网络进行智能检测和故障诊断；通过印刷设备的控制系统实际运行时的控制参数，结合输入输出参数进行反向运算，推理可能的系统模型与设计模型进行横向比对，根据系统的工作情况改进控制方案和控制策略，运用模糊控制的理论调整隶属度函数等；引入机器视觉对印刷产品进行质量检测，对图文数据进行预处理等；通过特征识别实现现代企业的精益管理等。

芬兰国家技术研究中心（VTT）研究人员通过彩色 CCD 摄像机色彩视觉检查，研发了自动确定色彩套印、油墨密度和灰平衡的测量位置和目标值的系统，证明了机器视觉可以用于彩色印刷品质量的在线检测。天津长荣科技集团股份有限公司将 AI 人脸识别技术引入一线生产管理，结合自动报工，解决了一线操作监管难度大的问题，有助于实现精益管理。北京工业大学的初红艳等面向印刷过程设计了 SPC 控制图，结合引发印品质量问题的关键因素定义了正常模式之外的三种故障模式，使用 BP 神经网络进行生产状态区分，在一定程度上数据化印刷生产流程，实现印刷过程质量的智能监控。

2. 物联网技术与 5G 技术

物联网（Internet of Things，IoT）是指通过末端设备包括具备"内在智能"的生产设备、内置传感器的移动终端和"外在使能"的感知和执行终端，在印刷车间中表现为内置了双 / 多张检测、印刷速度 / 数量检测、张力检测、印张质量检测等多种传感器的印刷机械和外置的车间温湿度传感器等，通过印刷车间的工控网络与工业 App 的数据接口进行数据的互联互通，在不同通信条件下实时采集需要监测、交互的生产过程的状态信息并做出对应反馈，采用适当的信息安全保障机制，实现实时在线监测、调度指挥、远程控制、决策支持等管理和服务功能。

简言之，物联网是一个开放的网络，该网络所控制的终端配备了足够的计算和通信能力，使它们能够独立行动，无须人工直接干预。该技术是印刷智能制造实现设备互联和人机互联的基础性支撑技术，智能印刷工厂通过中央总控控制每台设备运行、跟踪每组产品的全生命周期，通过大量传感器反馈的信息判断设备是否处于正常运行状态。

天津荣联汇智智能科技有限公司在贵州永吉印务股份有限公司建设智能工厂，实现了机台数据采集与数字车间管理。北京高端印刷设备信号与信息处理重点实验室的梁洪波等采用物联网技术，通过部署外置传感器，采集印刷设备的电压、电流、温度等状态信息，通过无线通信进行数据打包聚合，在远程服务平台接收，基于模糊算法进行自动诊断，实现了印刷设备的远程运维。齐鲁工业大学的李玉刚等面向印刷企业模块化 / 单元化生产的特点，基于物联网技术采集印刷企业生产过程中的能耗信息，如用水、用电、加热消耗等，设计了印企能量管理系统，实现印刷生产过程能耗数据的采集分析。

第五代移动通信技术（5th Generation Mobile Networks，5G 技术），是最新一代蜂窝移动通信技术。比起以往的通信技术，5G 技术有可靠的低时延通信，移动带宽更大，可通信的机器种类更多，能够很好地支持物联网方面的需求。5G 技术在数据传输速率、移动性、终端连接数量方面具有极大优势，其带宽更高，能够实现大量高精度图像的传输，是实现印刷智能制造的信息计算基础。中荣印刷集团股份有限公司在智能印刷工厂中建设了 5G 基站，数据采集和处理速度大大提升，整体效率提升超过 20％，数字化流程实现了产品设备人员跟踪，提升了印刷品的质量。

3. 大数据技术

大数据（Big Data）指容量极大的数据集合，使用常规的计算手段和一般的计算软件难以处理，往往在生产过程中表现出实时变化、不断累积的特点，有较高的筛选、存储、释放要求。在制造工业中，大量生产数据中及对应的设备状态，是进行实现设备预防性维护和预测性操作的一个重要学习来源。而印刷生产的所有环节，如整个价值链、产品的整个生命周期等都包含诸多数据，如温度、湿度、水墨平衡、印刷设备工作状态、印刷品的质量等。这些数据在数据量、产生频率、类型等方面都达到了大数据的范畴，且只要生产不停，就会源源不断地产生数据。

基于物联网，可以从车间传感设备获得大量的生产数据，并分析得到关键数据与实际生产之间的关联性，从而发现规律、指导生产。对数据进行深入分析，其行为往往表现为判断所得参数与生产目标之间的因果关系，建立合适的数学模型来描述生产问题，包括约束、目标等；然后针对该模型设计相应的算法进行求解，从而实现对大数据技术的有效应用。由于数据计算量巨大，远超工厂自身的计算能力，实际的分析过程一般由专门的大数据平台完成，典型大数据应用平台有 Hadoop、Spark、Storm、Apache Drill 等。

通过对生产大数据的分析和挖掘可以了解问题产生的原因、过程和可能造成的影响，将决策核心从以往依靠人的经验转向依靠挖掘数据中隐性的线索，使得生产知识能够被更加高效地利用和传承，有助于印刷企业创新。界龙艺术的柔印卷筒纸生产线依靠自动化卷筒传送带配合大数据信息，实现在无人干涉的情况下，系统会根据机台生产进度提前配好卷筒纸张原料，达到了指导生产的目的。在印刷工艺方面，Englund C 等研究了一种基于 SOM 的数据挖掘策略，对胶印过程进行自适应建模，能够对不同损耗的胶版印刷机实现精确的墨流控制，提高印刷质量。

根据相关文献，美国的 Vistaprint、Shutterfly，国内的凤凰传媒、盛通股份、虎彩印艺、合印和金伦云印等相关单位，以及北京印刷学院、武汉大学、天津科技大学和国泰君安证券等相关高校与机构，均不同程度地开展了针对印刷大数据、云印刷等的战略研究和理论探索。各印刷电商平台与生产工厂相连接，对客户数据进行分类、处理，推出有针对性的促销策略，推广个性化印刷。

4. 工业互联网与云计算技术

按照工业互联网联盟（Industrial Internet Consortium，IIC）给出的定义：工业互联网将工业控制系统在线连接，构成多个巨大的、端到端的、与人连接的系统，并且完全地与企业系统、商业过程以及分析方案集成。这些端到端的系统称为工业互联网系统。

印刷智能制造通过工业互联网系统，进行"人、机、料、法、环"的全面数字化管控，支持和实现信息物理系统（Cyber Physical System，CPS），以最优的时间完成产品生产和提供制造服务，敏捷响应市场需求。

云计算（Cloud Computing）是一种 IT 资源按使用量付费的模式，在该模式中，用户通过终端接入网络，向"云"提出需求；"云"接受请求后组织资源，通过网络为用户提供服务。云计算实现的核心技术包括虚拟化技术、分布式数据存储技术、编程模式 MapReduce、大规模数据管理技术等。典型的云平台有阿里云、航天云网、根云等。

学术界和工业界提出了基于"工业云 + 终端"的工业互联网解决方案。在印刷智能制造领域,"云 + 端"的模式应用是对印刷企业计算能力的一种解放,是促进印刷智能化制造发展的关键技术,以按需付费的方式购买需要的数据服务,模块化的软件服务使印刷生产企业可以根据自身生产情况和产品价值选择个性化的云计算方案,在云服务器处理大量的印刷生产数据,通过云端反馈结果进行生产工艺决策,大大降低了智能化转型的成本,提高了印刷智能化转型的可行性。

随着 CPS 的概念逐渐深入和射频识别技术(Radio Frequency Identification,RFID)的广泛应用,印刷云工厂接单后,利用智能算法为客户提供最佳生产方案,通过工业互联网启动终端,自主完成生产行为,实现印刷智能制造。

印通天下供应链管理有限公司开发了一种智能印刷云系统,该系统集成多个子系统模块,由云服务器管理各子系统中功能模块的数据,管理者通过云服务器访问订单信息和设备信息,实时关注设备状况和订单状况,对生产数据进行统计汇总。西安理工大学基于云端通讯和云数据分析服务,开发了能够实现印刷设备远程维护和工艺指导的设备增值服务系统,以车间、企业和制造商三阶对象为主体构建了三层网络架构,针对每层特点设计了对应数据接口,基于以太网实现对印刷设备的数据采集和本地存储,基于云端印企 MES 与服务云通信,维修人员在数据和生产视频的基础上进行设备故障诊断和远程运维。

5. 边缘计算技术

边缘计算与云计算对应,云计算在云服务器集中进行数据处理,边缘计算在执行端和数据源侧从印刷设备内置的传感器和外接的传感器中收集生产现场数据进行存储,通过边缘应用程序和数据模型进行实时数据处理,反馈故障设备的诊断意见和生产状态,是对印刷车间生产现场的直接管控平台。

在印刷设备的执行机构如叼纸、收纸、折页、纠偏、色彩控制、油墨质量控制等设置小智能模块,通过传感器和计算终端进行局部规划,为决策提供理论和实践依据。天津长荣科技集团股份有限公司通过边缘传感器,采集模切、烫金设备增加温度、压力的数据,完成深度数据处理与交互,确保了印刷品质量的稳定性。

6. 虚拟现实 / 增强现实技术

虚拟现实(Virtual Reality,VR)技术是以沉浸性、交互性和构想性为基本特征的计算机高级人机界面。增强现实（Augmented Reality，AR）技术是在虚拟现实技术基础上的增强，可以达到虚实结合的效果。VR/AR 技术的优势在于实现了人机交互，能够实时互动。利用增强现实技术，在现实中增加虚拟信息，协助机器操作，维修，进行产品功能的互动性展示；实现信息可视化、生产过程与生产设备状态图像化的功能，方便管理、操作和日常维护。在印刷智能制造中，利用虚拟现实技术可以演示生产过程，可以进行人机交互，能够线上模拟印刷流程，达到"预制造"的效果；利用增强现实技术进行生产系统和设备维护，提高设备利用率。

北京印刷学院利用 unity 3D、Zspace、VC 等软件和 VR 外设硬件，搭建了虚拟智能印刷车间。虚拟车间中，基于软件接口进行虚拟现实设计。北京印刷学院杨普斐等在第 11 届中国印刷与包装学术年会提出了通过工业建模软件进行虚拟现实设计的实现路径，利用硬件交互设备（如数据头盔、VR 眼镜、全息投影等）结合反馈执行终端和数据感知设备与数据建模算法，实现虚拟可感且具备数据反馈功能的数字化装备仿真，在虚拟环境中直观设计尺寸、结构、检查装配干涉等，通过参数调整检测设备状态，获得虚拟设备工作信息以指导实际制造过程。

7. 支撑技术的综合集成

如图 3.2.1 所示，印刷智能制造的支撑技术综合集成过程可以总结为：通过物联网技术采集生产数据；通过云计算和工业互联网技术将整个生产过程数字化网络化，使得生产车间可以访问超过自身限制的资源；通过 5G 技术实现大容量数据的实时传输；通过 VR/AR 技术实现生产可视化，便于直观的车间学习；通

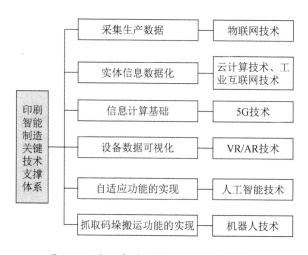

图 3.2.1　印刷智能制造关键技术支撑体系

过人工智能技术和大数据技术将算法引入生产过程，对生产数据进行分析并针对分析结果进行自动修正达到自适应生产；智能装备与工业机器人则作为执行终端，从边缘接受指令，完成实际的生产活动。

四、印刷智能制造单元技术与技术集成

印刷智能制造的单元技术指实现固定功能的某种具体的执行系统，技术集成是在分析关键支撑技术和单元技术的基础上，将几种系统或不同的支撑技术进行融合。

1. 制造执行系统

制造执行系统（Manufacturing Execution System，MES）是处于计划层和现场生产之间的执行层，对企业进行生产计划管理、生产过程控制、产品质量管理、车间库存管理、项目看板管理等有重要作用。印刷 MES 的难点在于生产设备多、品牌不一，不同设备接口不统一，造成数据转换复杂，信息交换延迟。当前的处理方式多是通过 PLC 改造，利用设备现有接口和加装传感器的方式采集设备信息，实现对底层设备的监控。

虹之彩印刷公司针对传统管理方式存在的问题，以精益生产为指导，开发了印刷 MES 系统，提高了实时性、透明性。西安理工大学的张颖根据软包印刷生产过程中控制系统一体化的需求和当前控制模式下设备底层存在的异构设备通信混乱的问题与信息孤岛现象，采用 OPCDA 通信技术设计了统一的执行端与控制端的通信接口，搭建了软包生产状态监测数据的通信平台，在原有基础上丰富了 MES 系统的功能，提高了通信稳定性。华南理工大学的郁智宏对传统胶印企业的生产流程和存在的管理问题进行了调研，提出了胶印企业数字化转型的方案并列举了对应案例，从实际应用需求方面对 MES 系统提出功能要求。

2. 企业资源计划系统

企业资源计划系统（Enterprise Resource Planning，ERP）在印刷智能制造中可以被描述为在印刷企业实现信息化生产管理的基础上，对印刷产品的供应链进行实时监控与管理，对订单需求量、原料供应量和剩余量、生产设备处的原料存储等信息进行系统集成，根据事先计划和生产情况进行运算调整，可视化生产看板，作为一个管理平台协助印刷企业进行生产决策。在印刷智能制造中应用 ERP 系统，有助于理顺和制定适应单件小批量加工装配型企业的生产管理流程，建立库存预测、物料预测和生产过程预测等，从而实现物料配送和库存控制决策、降低生产成本。

印刷行业有独特的生产组织方式，根据客户订单进行调度生产，采用信息化的管理方式有助于实现生产资料如油墨、印张等资源在整个生产周期中的合理调配和备用件及维护资源的储备。Oracle、SAP、Info 等国际厂商为印刷企业提供 ERP 解决方案。阳江市华美印刷包装有限公司与开发机构合作，结合企业情况自主开发印刷 ERP 系统。深圳科网联计算机有限公司开发了科印 ERP 信息管理系统。北京悟略科技有限公司提出了以目标为导向的 ERP 实施策略，为中煤（北京）印务有限公司等多家企业提供了 ERP 管理方案。

3. 产品全生命周期管理

产品全生命周期管理（Product Lifecycle Management，PLM）在印刷智能制造中可以被描述为对某一类具有较高附加值、加工难度大、可能产生质量纠纷的印刷产品或印刷设备从生产源头进行如二维码、条形码的固定信息标记，在生产全过程中建立对应的印刷成品/印刷设备信息模型（即产品 ID），实现对应生产印版、生产设备、经手操作人员、物流运输等信息可查，建立完备的产品数据库，实现从生产到报废的全流程可追溯。在印刷智能制造中进行 PLM 实践，可以显著提升印刷产品的安全性和可靠性，缩短印刷装备的设计制造周期，降低印刷防伪成本，节省查找问题件成因的时间，提高生产效率。

江苏省科学技术情报研究所通过实施 PLM 项目，搭建 Windchill 系统和 Creo Parametric 无缝集成的协同设计制造平台，有效缩短了印刷机械装备的研发和制造周期。北京印刷学院在 PLM 与存在机器干预的生产工艺自动规划结合方面做了相关研究，通过对印刷机板材类零件的特征分析，可以进行基于实例的工艺推理，自动生成加工工艺卡片，完成印刷机械的智能工艺决策。

4. 智能物流管控系统

智能物流管控系统包括智能仓储和智能配送，需要软硬件配合，工业机器人技术如码垛机械手、AGV 等是实现智能物流的关键。智能仓储包括库房货架、堆垛机、进出料对接装置和仓库管理系统（Warehouse Management System，WMS）。WMS 负责物料信息（RFID 条码）和货位的动态管理，通过 AGV 调度模块，调度 AGV 完成物料运输，并把仓库里物料的实时动态信息准确反馈给 MES、ERP 系统，为采购计划和生产执行提供有效支持。

西安理工大学的贾远志对 WMS 和 MES 的关联系统进行了研发，实现了 MES 系统对物料进行叫料、产出等相关操作，WMS 进行准确回应，通过函数接口和公共数据库，完成了两系统的集成。

5.印刷智能制造技术集成

实施印刷智能制造，技术集成是关键。技术集成就像是一个打包的过程，所集成的技术均是在关键技术的支撑下已经实现或正在实现的，将各种单元技术集成在一起，通过接口围绕主要功能发挥作用，能够实现优化、统一。印刷智能制造需要集成的技术包括生产状态可视化、报警信息实时推送、生产设备管理、工艺系统健康诊断、生产过程优化等。

生产状态可视化即通过 PC 端、移动客户端，根据指定的生产指标 KPI（关键绩效指标）和工艺装备的运行情况实时监测生产状态；依靠不同的移动终端定位，支持异地多工厂运营；通过移动客户端，及时监视工艺系统运行情况、诊断信息；进行生产流程的监控和设备可视化管理。

生产过程的优化包括控制优化和能源管控优化。控制优化通过大数据优化控制数学模型，采用优化算法策略自动给出优化方案，经专家评测后提供给用户。能源管控优化通过收集的生产过程数据，经过分析为用户提供能源消耗监测预警和规划服务，降低平均能耗。

技术集成以人工智能、大数据、云计算、工业互联网、边缘计算、虚拟现实与增强现实等新兴技术为支撑，以 CPS 为核心；以质量、效率、效益为目标，着眼于产品全生命周期，以企业资源管理、供应链管理、客户关系管理、全员维护管理为管理手段，以新一代信息技术和智能技术为使能技术，优化提升设备、控制、产线、车间、企业不同层级，实现纵向集成和横向集成。

当前对印刷智能制造进行技术集成已经有了一定的实践成果，北人智能装备科技有限公司建立了书刊印刷智能演示车间，陕西北人印刷机械有限责任公司建立了软包装数字化智能印刷示范车间，拟在行业推广示范。在中央宣传部印刷发行局指导下，中国印刷科学技术研究院牵头组织成立了中国印刷智能制造产业联盟，在北京盛通印刷股份有限公司建立了"一本图书智能制造测试线"。广东中山中荣印刷有限公司入选工业和信息化部智能制造示范基地，深圳市裕同包装科技股份有限公司、汕头东风印刷股份有限公司、广东鹤山雅图仕印刷有限公司、安徽新华印刷股份有限公司、天津海顺印业包装有限公司、昆山科望快速印务有限公司、西安环球印务股份有限公司等都在建立数字车间，在物料转运和两化融合方面做了积极探索。

综上所述，印刷智能制造单元技术与集成技术如图 3.2.2 所示。

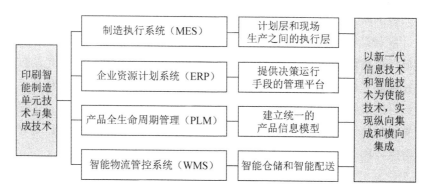

图 3.2.2　印刷智能制造单元技术与集成技术

五、印刷智能制造标准制定进展

标准化建设是推进智能制造的先机和制高点，目前国际标准组织有智能制造系统评估组（IEC/SMB/SEG7）、"工业 4.0"咨询顾问组（ISO/TMB/SAG）、全球先进工业系统组（ISO/IEC JTC1 JAG）。2016 年 2 月，美国国家标准与技术研究院 NIST 发布了《智能制造系统先行标准体系》的报告，该报告总结了未来美国智能制造系统将依赖的标准体系；同年 6 月，成立了美国智能制造领导力联盟（SMLC）——负责管理美国国家制造创新网络计划中的智能制造创新机构。

2019 年，智能制造领域 11 项国家标准获批立项，2020 年，智能制造被正式列入 2020 年《政府工作报告》发展目标，同年召开了《国家智能制造标准体系建设指南》修订工作启动会，明确了要分析数字孪生、人工智能、5G 等新技术与制造业相融合产生的标准化需求的工作。

从 2019 年至今，在《国家智能制造标准体系建设指南》的指引下，全国印刷标准委员会和全国印刷机械标准委员会组织起草形成了若干行业标准的草案和报批稿，包括《印刷智能制造标准体系表》《智能印刷工厂构建规范和指南》《印刷设备数据采集与通信规范》《印刷生产信息系统通用要求》等，未来将进一步根据行业实际发展，开展标准完善、宣传、贯彻、实施等工作。其中，作为指导性文件的《印刷智能制造标准体系表》，已获批成为行业标准，从术语定义、信息安全、评价标准、智能印刷设备标准明细表等 13 个方面布局了已立项和待立项的印刷智能制造相关标准。

六、印刷行业实施智能制造存在的问题及对策分析

因印刷行业兼具文化和制造业双重属性，有其特殊的生产模式，目前印刷行业实施智能制造存在的难点及问题和相关策略总结如下。

（1）产品方面，印刷产品批量小、种类多、工艺要求高。设计和生产安排相应快，要求资源云平台考虑上下游和成本市场等多个因素，要求客户关系管理市场信息等分析及时。针对该情况印刷企业应积极上线合适的 ERP 系统进行企业资源计划，引入人工智能算法辅助决策，制订最佳生产方案，应用云计算技术，将企业信息上传至云平台，使用网络资源扩大业务范围，提升适应能力。

（2）生产过程方面，印刷生产链条长、工艺比较复杂、工艺参数变化影响因素多，数据采集、传输、数据处理，大数据分析不是一蹴而就的。针对该情况，应细致分析企业的生产现状，合理布置物联传感网络，采集关键数据，过滤杂乱信息，利用大数据平台进行数据分析，有条件的大型企业可以采用 5G 技术提高企业生产数据的运算和处理速度。

（3）生产设备方面，目前印刷企业设备水平参差不齐，同一个车间装备了不同功能的生产设备，有的来源于不同地区和国家，自动化信息化程度不统一，所用的控制设备、通信设备不一致，信息传输协议多样。针对该情况，应该大力推进有关印刷智能制造通信协议和相关设备端口的标准制定，合理采用边缘计算技术，以集群化的网络节点之间的通信代替整个车间级网络通信，分出通信层级，在不同层级选择同一通信协议等。

（4）人员和管理方面，印刷企业目前普遍是劳动力密集型企业，缺乏有针对性的培训，专业人才少，数字化和智能化人才短缺，精益管理理念不够深入，照搬照抄的精益管理模式没有真正与行业实际情况结合，存在片面性，影响了印刷智能制造进展速度和实施效果。针对这一情况，企业应结合自身发展阶段，引入先进管理理念，与高校共同推动产学研合作，积极申报重大专项，以项目驱动企业技术发展。

实施印刷智能制造需要科学规划和遵循相应的规则，一般按照以下策略开展：现状评估，针对企业进行分析，对工厂的现状与应用能力进行评估，得出所处阶段和将要进入的阶段；业务改进，通过评估明确整改的目标，包括企业管理的改进和智能工厂的关键系统需求；具体规划，按照纵向和横向集成原则和标准，构建完整的智能车间或工厂框架；具体落实，包括制订详细的实施计划、根据实际反馈进行动态调整、建立完整的智能工厂管理制度和信息安全体系等。

印刷智能制造的实现不仅能够帮助提高管理和生产效率，还能在工厂生产运营与市场需求之间找到最优解，节约生产成本和人工成本，保证生产的可运行性与流畅性，压缩产品的生产流转周期，实现工厂利润最大化。

本文重点分析了印刷智能制造的关键技术及其发展现状，对单元技术和技术集成进行了总结，根据目前印刷智能制造存在的问题，给出了实施印刷智能制造的相关策略。

印刷智能制造未来发展的趋势为：绿色化、生态化，更加注重环保和生态平衡，实现生产过程绿色化，实现极少或零污染物排放，产品对人体和环境不产生副作用，资源利用率高；全产业链、可追溯，更加注重产品全链条的各阶段，实现产业上下游一体化和产品的全生命周期内可追溯；个性化、人性化，更加以人为本，能够满足客户个性化、多样化、小批量需求，满足人民的美好生活需要；高度智能化，在新一代人工智能技术的支撑下，实现自感知、自调整、自组织、自维护，实现印刷行业高质量发展。

参考文献

[1] 工业和信息化部，财政部. 智能制造发展规划（2016—2020 年）[R]. 北京：工业和信息化部，2016.

[2] 宁廷州，葛美芹. 智能印刷设备的历史回顾、发展现状及有效战略 [J]. 包装工程，2019, 40（19）：230-238.

[3] CY/Z 31-2019. Standard System Diagram of SmartManufacturing for Printing [S]. Beijing: National Press and Publication Administration, 2019.

[4] 周良明，李维亮，丁国富，等. 离散型生产模式下框类零件柔性生产线设计与应用 [J]. 机床与液压，2020, 48（21）：45-50.

[5] 刘强，丁德宇. 智能制造之路：专家智慧实践路线 [M]. 北京：机械工业出版社，2017.

[6] 陈超. 人工智能在制造业中的应用 [J]. 机械设计与制造，2006（1）：161-163.

[7] 长荣股份. 从人工管理到智慧运营的破局 | 长荣智慧印厂成功落地贵州永吉（一）[EB/OL]. [2020-07-01]. https://mp. weixin. qq. com/s/kOMh1OBGuNaDI0neoqpOQ.

[8] SÖDERGÅRD Caj, LAUNONEN RAIMO, ÄIKÄSJuuso. Inspection of Colour Printing Quality [J]. International Journal of Pattern Recognition andArtificial Intelligence, 1996, 10（2）：115-128.

[9] 初红艳，李鹏，蔡力钢. 基于控制图和神经网络的印刷过程质量智能监控技术 [J]. 北京工业大学学报，2012, 38（3）：340-344.

[10] GUBBI J, BUYYA R, MARUSIC S, et al. Internet ofThings（IoT）: A Vision, Architectural Elements, andFuture Directions [J]. Future Generation Computer Systems, 2013, 29（7）：1645-1660.

[11]LIANG H, CAO S , LI X, et al. Design of the RemoteFault Diagnosis System for the Printing MachinesBased on the Internet of Things and Fuzzy Inference[J]. Lecture Notes in Electrical Engineering, 2016, 417：825-836.

[12]李玉刚，王宏洋．基于物联网技术的印刷企业能量管理系统设计与实现 [J]. 机械设计与制造工程，2019, 48（6）：98-102.

[13]邹俊飞．第五代移动通信核心网络架构与关键技术分析 [J]. 电子测试，2020（23）：76-77.

[14]V 视频 | 硬核！中山这家企业利用 5G 加快印刷效率 [EB/OL]. [2020-05-11]. http://app. zsbtv. com. cn/a/a/shenhe/content_wap_120568. shtml.

[15]马巧鸽．大数据分析能力与制造业竞争优势 [D]. 镇江：江苏科技大学，2019.

[16]张洁，高亮，秦威，等．大数据驱动的智能车间运行分析与决策方法体系 [J]. 计算机集成制造系统，2016, 22（5）：1220-1228.

[17]数据流中的大数据的发展生态环境与数据处理流程化 [EB/OL]. [2020-07-03]. https:// kuaibao. qq. com/s/20180115A0R3NX00?refer=cp_1026.

[18]王森．界龙艺术：大数据下的印刷企业创新发展之路 [J]. 印刷经理人，2019（5）：27-29.

[19]ENGLUND C, VERIKAS A. A SOM-based Data Mining Strategy for Adaptive Modelling of an Offset Lithographic Printing Process [J]. Engineering Applications of Artificial Intelligen ce, 2007, 20（3）：391-400.

[20]杨永刚，张浩，李文新．我国印刷业实施"大数据战略"的路径研究 [J]. 教育教学论坛，2020（2）：114-115.

[21]Industrial Internet Consortium. The Industrial Internet Reference Architecture Technical Document[EB/OL]. [2015-06-30]. http://www. iiconsortium. org /whitepapers. htm.

[22]刘越．云计算技术及应用 [R]. 北京：工业和信息化部电信研究院通信信息研究所，2009.

[23]刘熠．云计算概念及核心技术综述 [J]. 中国新通信，2017, 19（4）：12.

[24]罗军舟，何源，张兰，等．云端融合的工业互联网体系结构及关键技术 [J]. 中国科学：信息科学，2020, 50（2）：195-220.

[25]HIGUERA-TOLEDANO M T, RISCO-MARTIN J L, ARROBA P, et al. Green Adaptation of Real-Time WebServices for Industrial CPS within a Cloud Environment[J]. IEEE Transactions on Industrial Informatics, 2017, 13：1249-1256.

[26]印通天下供应链管理有限公司．一种智能印刷云系统．中国：CN109445727A[P]. 2019-12-24.

[27]顾桓，田红，高妍．一种基于云平台的包装印刷设备增值服务系统 [J]. 包装工程，2015, 36（15）：149-152.

[28]橙色云设计．制造业已经使用了 ERP, 为什么还需要 MES（生产制造执行系统）？ [EB/ OL] [2020-07-03]. https://zhuanlan. zhihu. com/p/82670538.

[29]林丹，张婉菁，刘晶．印刷企业生产制造执行系统构建与应用 [J]. 印刷技术，2016（8）：36-39.

[30]张颖．印企智能车间数据中心与流程控制的研究与实现 [D]. 西安：西安理工大学，2020.

[31]郁智宏．传统胶印企业数字化工作流程改造探析 [D]. 广州：华南理工大学，2020.

[32]梁华.智能工厂信息化系统建设规划研究 [J]. 机电信息 , 2020（32）:139-141.

[33]李静静.现代印刷企业管理之路:印刷 ERP [J]. 广东印刷 , 2012（5）:12-14.

[34]印刷企业 ERP 系统两则经典解决方案 [EB/OL]. [2020-07-03]. https://www. doit. com. cn/ p/48757. html.

[35]中煤印务 ERP 项目成果展示交流会举行 [J]. 印刷技术 , 2015（11）:2-3.

[36]高璇.基于 Windchill_Creo 的集成系统在印刷机械制造中的应用 [J]. 科技资讯 , 2018, 16（35）:1-3.

[37]李萍萍.基于 PLM 的印刷机板材类零件智能 CApp 系统研究 [D]. 北京:北京印刷学 院 , 2012.

[38]齐元胜 , 吴萌.印刷智能工厂建设的实施重点和步骤 [J]. 印刷工业 , 2020, 15（4）:32-34.

[39]贾远志.软包材料生产现场流程智能化基础系统研究与开发 [D]. 西安:西安理工大 学 , 2020.

3.3　基于微服务的软包装生产平台研究 ①

国家鼓励生产制造企业智能化信息化生产，许多行业都在进行生产应用平台系统的应用探索。我国其他行业已经在积极应用信息化手段更新企业工作方式，这对包装印刷企业向智能化改进有十分重要的借鉴意义。

本文介绍了软包装企业面临的业务需求，利用微服务架构的相关特点优势，集成开发了基于微服务架构的软包装生产应用平台。平台为软包装企业打造一个生产业务数据查询管理，生产数据展示分析一体化的智能软包装生产应用工具。

一、微服务架构概述

1. 微服务架构概述

2014 年由 M.Fowler 和 J.Lewis 共同提出微服务（Micro Service）的概念 [1]。微服务不像原来的单体架构用久了就会出现系统臃肿和僵化的问题，它将一个复杂的应用拆分为便捷轻便的微服务 [2]，每个服务单元都致力于实现单一模块逻辑 [3]。微服务框架下的软包装生产平台，开发者集中力量攻克软包装业务体系逻辑和需求在开发上实现的难题。

2. 微服务架构和单体架构比较

微服务架构。其优点包括：易于开发和维护，开发和维护相对简单；单个微服务启动快；微服务修改不影响整体；扩展性好，可根据业务需要实现细粒度扩展。其缺点包括：微服务数量变多，运维相对复杂；分布式系统复杂的处理，系统容错，网络延迟，分布式事务等会影响系统运行。

单体架构。其优点包括：易于部署，整体单个应用打包部署；测试方便，统一修改。其缺点包括：复杂性高模块非常多，整个项目依赖关系比较复杂，修改时可能会带来隐藏 BUG；技术限定，语言不灵活，整个单体架构的开发需要统

---

① 此文刊载于《包装印刷》2021 年 1 月，作者：李欣、齐元胜、张勇斌、张亚洲。

一开发。

微服务架构值得一提的特点是流程重构简洁方便。目前企业业务的更新变化很快，每一项业务都需要相应的流程来实现，微服务的流程重构简洁方便，更新实现速度快。对于开发者来说，开发投入精力少，省时省力；对于企业来说，对于生产影响较小，更新效率高，效益好。

二、Spring Cloud 微服务架构的生产管控平台构建

1. 管控平台的架构

软包装生产平台应用 Spring Cloud 微服务框架，开发方式为目前较为流行的前后端分离式，前端专注呈现内容，后端专注逻辑实现。后端架构实现采用 Spring Boot、Spring Cloud、MySQL 等整套的工具技术，前端展示部分应用 Vue 等轻量级技术构建。开源分布式服务框架为微服务的实现提供了有力的支撑[4]。

2. 平台功能设计

平台功能分为平台管理服务功能和生产业务服务功能。管理服务功能包括用户管理、流程管理、权限管理和菜单管理等管理服务功能模块。业务服务功能是针对软包装生产中的业务范围进行定制化开发功能模块，主要包括业务订单信息查询、车间生产信息总览和各个车间生产信息查询等。

（1）管理服务功能

管理服务功能是整个管控平台运行工作的基础也是各个行业扩展相应特色的基石，包括用户管理、流程管理、权限管理和菜单管理。

①用户管理模块是对企业中使用此平台的人员的账号进行管理，其中角色设定为单位管理员、各部门管理员。针对车间生产的部门又分为车间主任、机长和助手。单位管理员权限最高可以对系统的权限进行指定和分配、人员账号的密码设置 / 重置、人员账号的注销和建立。

②权限管理模块是指系统的权限管理功能，一部分功能和用户管理相似。不同之处在于对数据的权限管理，比如对于整个生产过程中的数据统计是为了方便管理者把控全局，这项数据的查阅权限就不能是全部人员，而只能是特定的部分人员。

③菜单管理可以满足菜单自定义显示或隐藏，菜单管理主要任务是面向使用者定制，隐藏或屏蔽某些不必要内容，提高工作效率。

④流程管理是实现业务逻辑的基础。将订单需要面对面审核的流程抽象成虚拟的逻辑，在流程管理中得以实现。用户可以对流程进行增加、修改和删除，也可以查看自己提交的流程进度、审批进度。

（2）订单数据查询功能

订单数据查询功能是将软包装企业中销售订单等数据通过关键字段进行详情查询。根据需求订单样式可更改为两列或三列展示，通过用户自定义添加的关于订单的相应字段来查看订单信息，比如订单时间、业务人、订单的一些规格参数、交货日期等。通过订单编号以及日期等唯一特性词查询订单数据，还可查看历史订单数据，问题订单方便溯源。订单分为客户订单、业务单和外发单。

微服务架构的优点：表单内容更新便捷，按字段的顺序拖动即可完成更改，相比于单体架构不止方便一个档次。

（3）车间生产信息查询功能

针对的软包装企业共分为以下几个车间：印刷上色车间、复合车间、恒温固化车间、检品分切车间、制袋车间、原料／成品车间。针对每个车间的情况，将生产机器的运行状况，包括机器印刷速度、上卷和收卷部的张力、各个关键点位的温度、风机的风量、原料米数、成品米数等其他数据直观地显示出来，通过菜单管理向特定人展示特定内容，方便生产部门和管理部门了解整场的运行状况，提高各个部门的工作效率。

三、平台应用

记录某软包装印刷有限公司生产的实际问题，开发了针对软包装企业的生产应用平台，印刷车间生产数据、复合车间生产数据、恒温固化车间生产数据、检品分切车间生产数据、制袋车间生产数据都集成到了这个平台中。用户可以通过平台展示的信息了解公司运转情况。

车间生产信息的录入和采集在开发过后基本不会有太大的变化，后期需要维护的重点是软包装业务订单的逻辑变化，本平台也利用微服务流程逻辑重构的方便性和微服务扩展的灵活性来体现微服务优于传统架构的事实。

应用此平台之后，各个车间的生产环节衔接更加顺畅，整个生产流程效率都有所提高，公司业务数据汇总更加方便，领导和员工对公司生产的业务和流程更加了解，合作协调能力大大提升，激发了企业的活力。

数字化、信息化、智能化是软包装企业生产管理发展方向。本项目针对软包装生产企业车间之间的配合，信息互通存在的问题，实地研究问题及状况结合订单业务应用特点，构建一套以微服务框架的生产应用平台系统。通过 Web 网页进行数据的统计整合，对软包装生产过程中的数据实现了记录，全面展示软包装生产作业过程中车间的资源分配与生产状况。结合应用平台的管理服务和业务服务，对微软包装生产企业朝着"中国制造 2025"和"2035 基本实现现代化"目标前进具有一定指导作用。

参考文献

[1] LEWIS J, FOWLER M. Microservices [EB/OL]. https://www. martin-fowler. com/articles/microservices. html，2014.

[2] 张辉，王伟，郭栋. 一种基于微服务范式的桌面云构建框架 [J]. 信息网络安全，2017(2)：35-42.

[3] 叶壮志，庞也驰，胡行同，等. 印刷企业实施智能制造的思考与技术实现 [J]. 数字印刷，2020(4)：81-99.

[4] 黄小锋，张晶. 微服务框架介绍与实现 [J]. 电脑与信息技术，2016, 24(6)：14-16.

3.4 面向印厂的智能物流系统设计 ①

一、引言

　　传统印刷业属于典型的离散型制造业，生产劳动人员密集。产品印刷过程主要由印前、印刷和印后三大类工序构成。各工序之间、各生产设备之间以及车间与仓库之间通常涉及大量原材料、半成品和产成品的搬运工作，均需由人工完成。随着社会经济的发展，人力成本增加，愿意长期从事该工作的人越来越少。同时，人工物料转运会导致仓储数据不准确、出入库做账不及时、在制品状态和数量不清晰等问题。这些问题是印厂在经营管理过程中经常遇到的痛点，直接影响到物料需求计划和生产调度，进而一方面影响按时交货，使交期延长，另一方面造成库存积压，使得库存周转周期延长。

　　近年来，随着工业自动化技术、信息技术和人工智能技术的发展，工业制造领域掀起了"第四次工业革命"。熊先青[1]通过成组技术的分析应用，提出家居智能制造车间的生产物流控制。林荣华[2]通过分析船舶生产制造模式与分段物流转运过程，提出了船舶制造物流转运的优化方案。李林[3]通过对车间常用物流自动化技术介绍，对汽车总装车间进行了物流应用分析。王风[4]对智能制造技术在离散型总装车间的应用进行研究。邵帅[5]通过对批量定制生产模式下的车间物流管理进行分析并提出了优化方案。

　　智能物流是智能印厂重要的组成部分，作为传统离散型制造业的包装印刷行业也深受智能制造浪潮的影响。在刘强[6]提出的智能制造理论体系总体架构中，智能物流与智能生产、智能服务和智能工厂一起构成智能制造理论体系总体架构的核心主题。齐元胜等[7]指出智能物流管控系统包括智能仓储和智能配送，需要软硬件配合，与制造执行系统（MES）、企业资源计划系统（ERP）、产品全

---

① 此文刊载于《数字印刷》2022年第3期，作者：袁汝海、朱聪颖、齐元胜。

生命周期管理（PLM）共同构成印刷智能制造单元技术与集成技术。叶壮志等[8]指出了印刷企业实施智能制造的参考路径：模块化工艺设计、柔性化工艺布局、结构化设备选型和连线化协同控制。业内很多工厂均在实现生产自动化的基础上积极探索实现数字化和智能制造的道路，以期解决传统印厂经常遇到的痛点和面临的各种挑战。

二、印厂智能物流系统架构

智能物流系统通常指连接生产设备之间、车间之间以及车间与仓库之间的物流搬运系统。为实现印厂智能物流系统搭建，应该在尊重原有印刷生产工艺与合理生产布局基础上，通过应用新的生产智能化装备来实现协调车间的整体调度。印厂智能物流系统总体架构通常由设备层、管控层和企业层组成，如图 3.4.1 所示。

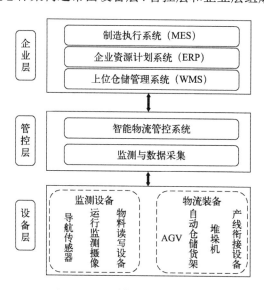

图 3.4.1 印厂智能物流系统架构

智能物流系统按功能分为实现智能仓储的自动化立体仓库、实现转运控制的智能搬运系统、实现转运连续性的产线衔接部分和实现信息管理的上层信息系统。智能物流系统框架如图 3.4.2 所示。

1. 自动化立体仓库

自动化立体仓库是解决印厂仓储问题的一种方式，也是印厂智能物流不可分割的一部分。自动化立体仓库在印厂智能物流系统中发挥的主要功能是实现原材料、半成品和产成品的存储和转运。自动化立体仓库由输送线、高层立体货架、堆垛机等关键部分构成。自动化立体仓库出入库口还可根据需要设置提升机，完成货物与智能搬运系统的无缝对接。自动化立体仓库除了本身需要电控实现自动出入库外，还需要一个 WMS 进行货位分配和配对、出入库管理和盘点管理等。

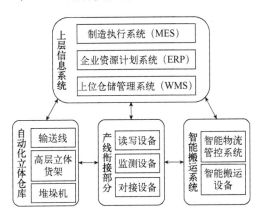

图 3.4.2　智能物流系统框架

2. 智能搬运系统

智能搬运系统包括智能物流管控系统和智能搬运设备。智能物流管控系统是实现柔性化工艺布局和连线化协同控制的必备系统，其核心功能之一是综合调度。智能物流管控系统需根据产线的生产节拍、生产调度计划和仓储情况智能地进行决策并与各组件通信，调度各执行机构完成搬运任务。为实现智能决策和智慧调度，智能物流管控系统需要与 ERP、WMS 进行对接和集成。信息化基础水平良好的印厂可以利用 ERP 系统对印厂整个运营流程进行管控。智能物流管控系统需要从 ERP 系统中获取仓储数据、物料需求数据以实现智慧决策。同时，智能物流管控系统还需与 MES 系统相连，甚至接受 MES 系统的任务驱动，基于生产节拍，满足生产现场的物料搬运需求。

在智能搬运设备方面，自动导航小车（AGV）和移动机器人（AMR）为印厂智能物流提供了更柔性化的搬运选项。实现印厂内点到点之间的搬运主要包括两种输送设备，一种是采用有轨小车（RGV），另一种是采用柔性化程度更高的 AGV。较常见的 RGV 解决方案是德国 Krift&Zipsner 公司提供的连接翻纸器与印刷飞达上纸装置的物流解决方案。该方案与高宝和海德堡印刷机不停机上纸功能集成，可实现翻纸器到印刷机无缝物流集成，完成自动齐纸、翻纸、换拍和上纸等操作，可节省大量的人力和物力。

AGV 在移动过程中，可根据周围环境信息自动学习和构建对周边环境的认知，主动避障和选择行走路线。常见的 AGV 从导航方式上可分为激光导航和 SLAM 导航，从车型上可分为背伏式和叉车式。各车型和导航方式有优有劣，须根据具体应用场景和搬运路线现场条件进行选择，一套 AGV 解决方案通常包含软件和硬件部分，如图 3.4.3 所示。

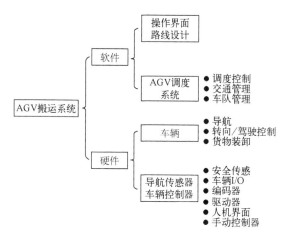

图 3.4.3　AGV 搬运系统构成

3. 产线衔接

离散型制造企业为实现智能物流系统的搭建，需要统筹其涉及的多工序、多物料和长流程等问题，合理的产线衔接设计对印厂生产效率和质量有很大的影响。智能物流系统从仓库搬运材料至产线，从产线直接搬运半成品，以及将成品从产线搬运至仓库时，均需要与产线设备的上料部分或下料部分对接。只有实现无缝对接，才能真正减少人工干预，实现全自动化和智能化搬运。由于印厂主要设备，如印刷机、模切机和烫金机等均有不停机上纸和收纸功能，对于相对比较陈旧的设备，还可以通过设备升级和改造实现该功能。

4. 上层信息系统

智能物流上层信息系统包括 ERP、MES 和 WMS 等企业信息系统，控制和管理印厂生产和运作的稳定。随着信息系统在印刷行业的初步应用，多数印刷企止仍处于探索阶段，企业信息系统功能尚未被有效开发，但这为印企从人工管理模式转向信息化和数字化管理模式奠定了基础。有了初步的企业信息系统建设，印厂智能物流系统得以发展，主要以提升生产效率和节约人力成本问题为目的。

三、印厂车间智能物流系统设计

1. 车间布局及路径设计

智能物流系统的规划布局是建设厂内智能物流的第一步，要结合车间现场实际情况进行规划。按规划对象不同，大致可以分成两类：一类是针对新建厂房的规划；另一类是在现有车间的基础上进行升级改造。对于第一类，规划的灵活性和可发挥的空间很大，可充分考虑物流流动效率和车间整体布局等各种因素。第二类是大部分印厂可能遇到的情形，该类规划需要充分考虑现有车间布局和现场条件，是在现场约束条件下，并充分利用现有的有利条件进行规划。

本研究考虑天津某印业包装有限公司的车间状况，将智能物流系统中的自动化立体仓库规划在立体车间的中央位置，如图 3.4.4 所示。

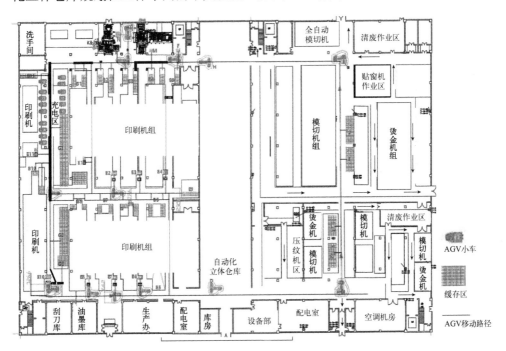

图 3.4.4 印厂布局及路径规划（1 楼）

该布局集智能产线物流与智能仓储物流功能于一体，是企业智慧工厂建设的重要组成部分。立体仓库布局在八大车间中心位置，打通了各楼层间的产线物流，支持在制品在各楼层和各车间的离散工序之间智能流转，代替了在制品和原材料间靠人工搬运的传统物流模式。同时，自动化立体仓库共设计 9 层 40 列 8 排，采用双巷道双深位设计，可容纳将近 3000 台存货，在 WAS 系统的驱动下，可智能地根据预置规则完成原材料和成品的上架、下架、移库、盘点和库龄周期管理，提高了仓储管理效率和准确性，大大节省了传统仓储中需要的人力和物力，真正实现了全自动出入库、一键智能盘点等智能仓储管理功能。

以天津某印业包装有限公司一楼布局为例，在每个楼层都设置自动化立体仓库的出入口，实现原材料、半成品在多个车间和多个楼层之间经立库暂存和转运，让自动化立体仓库既发挥仓储功能，又发挥转运功能。

2. 转运流程设计

智能物流系统的主要功能就是实现智能高效搬运。需要根据厂内车间布局，对原材料、半成品以及产成品的流动路线和其他因素进行综合设计，如图 3.4.4 所示。

以原纸和空托盘搬运流程和半成品搬运流程为例，分别如图 3.4.5 和图 3.4.6 所示。从图 3.4.5 中可见，车间原纸和空托盘搬运以印刷机和模切机部分为例，白纸由 1200mm×1000mm 托盘装载，AGV 可与立库可编程控制器（PLC）对接。在白纸出库时翻纸机人员操作手持读写器（Personal Digital Assistant，PDA）选择工单号、工序和物料（与 ERP 同步），并由操作人员选择立库出口点位置及人工暂存点位。然后，WMS 下发 AGV 转运任务，由 AGV 从立库出口搬运托盘至暂存点。在空托盘搬运时，空托盘点位与设备一一对应，翻纸机缓存区则部署 8 层光电检测。印刷操作人员将空托盘放置于上下料口旁指定位置，操作 PDA 选择取料点，并由 WMS 下发任务给 AGV，AGV 将空托盘搬运至下料口托盘位，下料口人员取走空托盘后，操作 PDA 清除点位信息，未清除则任务无法下发并进行报错。在模切缓存物料时，在模切车间通道两侧预留缓存区，人工选择模切缓存区，并由 WMS 下发物料信息给立库，立库自动确定取货点，并由 WMS 下发任务给 AGV，将立库出料口搬运托盘至模切缓存区，在取走货物后由人工清除点位信息。

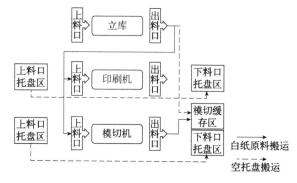

图 3.4.5 印刷车间原纸和空托盘搬运流程设计

印厂半成品搬运流程如图 3.4.6 所示。首先由翻纸机搬运至印刷机缓存区，翻纸机人员操作 PDA 选择工单号、工序和物料（与 ERP 同步），选择翻纸机点位、印刷机编号和托盘类型，并由 WMS 计算印刷机缓存区点位，下发任务给 AGV，AGV 从翻纸机搬运至印刷机缓存位并更新库位信息。在印刷机由缓存位上料时，缓存区与印刷机台一一绑定，WMS 自动确认缓存位、印刷机入口点位和托盘类型，并由人工操作 PDA 与 ERP 同步的物料信息，由 WMS 下发任务给 AGV。AGV 从印刷机缓存区搬运托盘至印刷机上料口，与输送线 PLC 对接，并更新缓存库位信息。由产品属性决定，印刷半成品分别入立库和双层货架，立库多用于半成品入库，双层货架多用于半产品缓存。入立库的产品由人工打印条码粘贴货物表面供立库扫描，仅需人工选择出料点和入库点位，WMS 下发任务后，AGV 从印刷机下料口搬运托盘至立库上料口。立库上料口不需要绑定物料信息，其自带 PDA 会读取物料信息，之后由其内部独立系统管理。入货架的半成品由人工操作 PDA 选择信息、印刷机出料点和缓存区，并由 WMS 下发任务给 AGV，由 AGV 从印刷机下料口搬运托盘至双层货架缓存区。人工取走双层货架缓存区货物时，必须清除点位信息。

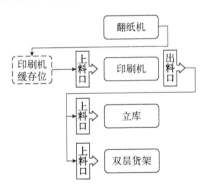

图 3.4.6　印刷车间半成品搬运流程设计

通过建设智能印厂来实现生产制造和厂内物流智能化是传统印刷企业实现降本增效和转型升级的一条可靠路径。作为劳动密集型的印包行业，基于现有厂房条件和业内成熟技术建设厂内智能物流可解决部分现有经营管理痛点，提升智能制造水平。

一套完整的智能物流系统应包含软件和硬件两部分：硬件是智能物流的四肢，主要包含自动化立体仓库、智能搬运系统和产线衔接装置；软件是智能物流系统的大脑和灵魂，智能物流的软件系统还应与其他信息化系统，如制造执行系统相连，实现真正的智能决策和智慧调度。很多印厂已经部分或全部建设了厂内自动化物流系统，但是还需要进一步与其他系统集成，提高整个厂内物流系统的智能化和智慧化水平。本研究结合企业自身实践，思考和探索了实现印厂智能物流系统的路径和关键技术。

参考文献

[1] 熊先青，岳心怡，马莹．基于成组技术的家具制造车间整厂物流规划 [J]. 木材科学与技术，2022, 36（1）:29-35.

[2] 林荣华．船舶分段制造模式与分段车间物流分配流程 [J]. 船舶物资与市场，2021, 29（12）:9-10.

[3] 李林，杨耀勇，王成明．物流自动化技术在汽车总装车间的应用 [J]. 汽车工艺与材料，2021（10）:18-24.

[4] 王凤，吕龙泉，许洪韬．离散型智能总装车间建设探索与实践 [J]. 电子机械工程，2021, 37（5）:61-64.

[5] 邵帅．批量定制模式下的企业车间物流优化管理方法探究 [J]. 现代工业经济和信息化，2020, 10（11）:119-121.

[6] 刘强．智能制造理论体系架构研究 [J]. 中国机械工程，2020（1）:24-36.

[7] 齐元胜，高溯，吴萌，等．印刷智能制造关键技术研究进展 [J]. 数字印刷，2021（3）:6-7.

[8] 叶壮志，庞也驰，胡行同，等．印刷企业实施智能制造的思考与技术实现 [J]. 数字印刷，2020（4）:81-99.

3.5 智能制造示范为印厂"打样"①

当前，随着劳动力结构性短缺、成本急剧上升、工业产能过剩、市场个性化需求激增、产品更新速度加快等趋势日渐凸显，我国制造业的发展遇到了多重阻碍，催赶着制造业的制造模式尽快完成智能化变革。印刷业作为我国制造业的重要组成部分，智能化转型诉求越来越迫切。

一、参考前沿案例，统筹规划

面向智能化的制造业有着显著特点，如实时反馈消费者需求，洞察消费者的潜在需要；通过数据分析驱动产品研发，之后原材料进行全自动化模式采购；进行个性化生产，根据消费者需求的动态变化进行生产的动态调整，完成产品的弹性生产；最后进行线上精准销售并完成配送。

当前，制造业在某些方面其实已经具有较完善的智能制造示范。例如，西门子成都数字化样板工厂可以完成全自动生产，实现了"黑灯生产"；格力公司的智能工厂生产线实现了机械臂的联合协作，将手工生产流水线全部变为全自动生产线，加快了产品成型速率；海尔沈阳数字化互联工厂，实现了"冰箱在家就能造"，达到了冰箱行业的领先技术水平。客户可以直接在网上筛选产品，确认之后提交订单，完成生产后，通过无人车完成智能配送。

笔者认为，海尔互联工厂对于印刷企业有很大的参考价值，印企可建立系统＋立体＋一致保障全生命周期可感知、可调控、可追溯的生态体系。同时，印刷业智能制造生态系统还要具备系统化、立体化的特点。其中，系统化是指必须从系统工程的角度来思考构建，彼此不能割裂，因此在"设计—生产—销售—服务"各环节都要统筹规划。

---

① 此文刊载于《中国新闻出版广电报/网》2019-11-25，作者：齐元胜、刘世禄。

二、以数字化为基，循序渐进

由于企业与企业之间存在个性问题，所以印刷企业在建设智能工厂之前，必须要有充分的调查，寻求最佳的生产设计方案。设计方案要具有针对性，必须保证满足企业的个性化生产。当确定设计方案后要制定实施的具体步骤，此时可充分利用计算机仿真等功能，排查可能出现的问题。

智能工厂建设需要大量的专业人员，因此印刷企业首先需要构建专业的项目实施团队，保证实施过程中随时能够解决疑难问题。需要注意的是，在实施过程中，智能工厂的建设会遇到很多阻碍与难题，企业最高管理者要坚定信心，并监督方案的执行。条件有限的企业，可以逐步实施，按照数字化车间—智能车间—智能工厂—智慧企业—智能生态系统的过程逐步建设。

目前，印刷行业还没有完整意义上的智能工厂。笔者认为，各企业要根据实际情况，先建设数字化车间，在此基础上建设智能工厂，最后建设智慧工厂。

需要注意的是，工艺相对简单的瓦楞纸生产线容易建成数字化车间，不少企业正在规划智能仓储系统或物流系统，这些总体都属于数字化车间范畴，距离智慧工厂还有一段路要走。

在参考国内外智能工厂模型和其他行业经验的基础上，笔者认为印刷包装工厂应建设典型模式，即根据工艺要求，可以分别规划平版印刷及印后数字化车间、凹版印刷及印后数字化车间、智能仓储车间、纸盒包装印后数字化车间等，在此基础上系统建设智能工厂。

第四部分
印刷智能工厂规划研究

4.1　印刷智能工厂建设的实施重点和步骤 ①

一、人才模型的建立

如图 4.1.1 所示，针对智能工厂的人员管理，建议可通过组织结构改善减少中层管理层级，如去掉副总层、经理层人员，以提高决策的响应速度；还可减少甚至去掉计划、仓库等人员，用 MES 系统实时监测生产数据的变化，用 WMS 系统监测仓储数量的变化，科学规划企业生产。当然，先进的管理手段需要企业引入高级项目管理团队，运用 ERP 企业管理系统、MES 生产信息管理系统、现代企业 6S 等专业管理知识来科学管理工厂的日常生产。

此外，由于智能工厂以 AGV 替代人工搬运，用传感器等检测产品质量，用智能化、数字化程度高的印刷设备减少操作人员数量，因而在人才管理方面，还需引入高技术维修人才和工程师团队，以专业的服务维持机器的正常运转，保证机器实时反馈生产数据，让工厂正常有序地运作。

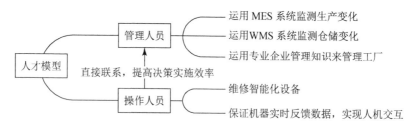

图 4.1.1　人才模型的建立

---

① 此文刊载于《印刷工业》2020 年第 4 期，作者：齐元胜、吴萌。

二、生产模型的建立

1. 生产模型信息化

信息的延时传递与执行，会降低生产效率，增加生产成本，可以说，生产模型信息化，是建立智能工厂的基础。生产模型信息化，即将设备的生产数据实时反馈到计算机，让生产全程透明化，以便管理人员对日常生产与异常情况做出迅速决策，而 MES 系统的引进，可以监测生产现场的人、机、料、法、环、测，实现实时管理并及时反馈，对各个系统进行跨越整合。此外，企业还应加强设备信息管理，以第一时间针对设备可能出现的问题，如设备运转超负荷等，进行适当的预防，这样，不仅可以减少企业的设备投入成本，还可以及时发现管理过程中存在的安全隐患。信息化生产模型的建立如图 4.1.2 所示。

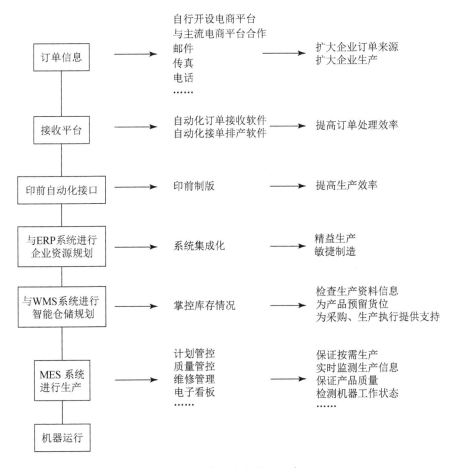

图 4.1.2　信息化生产模型的建立

2. 智能化生产线

如图 4.1.3 所示，智能化生产线的实现，需将印前自动化流程管理软件、MES 等与先进的印前、印刷、印后联动生产线结合起来，同时配合旧设备改造，并加入工业相机、人机界面、RFID 条码、机械臂等软硬件。工业相机是智能工厂的眼睛，可以实时采集产品质量；人机界面是人与设备沟通的桥梁，方便决策的实施；RFID 条码可全程监测产品走向，为产品质量检测提供了合理的数据；机械臂替代了人工工序，为深加工提供可能的方案。可以说，智能化生产线可实现设备与设备、人与设备的互联，完成自动化、智能化生产运作，并监测产品生产全程以及单个产品的生产质量，而最终目的是提高企业生产效率与产品质量。

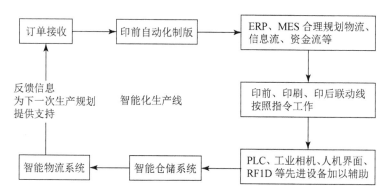

图 4.1.3 智能化生产线的建立

3. 智能仓储系统

如图 4.1.4 所示，智能仓储系统包括库房货架、堆垛机、进出料对接装置，以及库房管理软件 WMS 系统。这里要特别介绍 WMS，其负责对物料信息（条码或 RFID）和货位的动态管理，通过 AGV 调度模块，使 AGV 完成物料的运输，并把仓库里物料的实时动态信息准确反馈给 MES 生产管理系统，为采购计划和生产执行提供有效支持。传统的商品仓储，依靠人力的搬运和车辆的运输，不可控因素很多，且劳动力成本较高。而智能仓储系统可将物料托盘出柜、物料下架，按需求分拣配送，形成 AGV 配送指令自动化，以高效、精准地配送内部物料；实现收发指令送货、清点物料数量并与实际数量对比等货单信息的无纸化。此外，通过对批次的生产信息进行自动化采集，还可实时掌控库存情况，不仅可实现及时的数据反馈，而且实现了全程精准管理，提高了工作效率，同时也为生产经营者的决策实施提供了重要的理论依据。

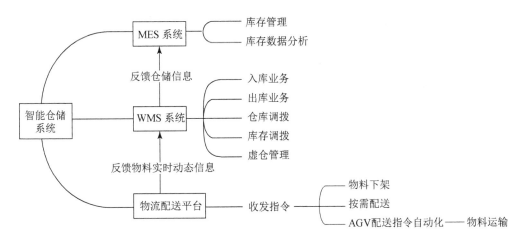

图 4.1.4 智能仓储系统的建立

三、智能工厂实施步骤和集成

实施印刷业智能化模式研究，须针对印刷企业性质的不同，按照胶印、凹印、柔印、丝印等印刷方式，单张纸、卷筒纸、薄膜、瓦楞纸、标签等产品类别分类进行研究，并对具体的自动化数字化水平、企业组织结构、设备工艺布局、厂房布置、工厂环境等进行总结。我国国情决定了我国印刷业实施智能化可采用小步快走、分阶段实施、多模式并存的策略。笔者建议可开发投资小、见效快、使用方便的工业 App，以提高生产作业效率。

针对智能工厂的实现步骤，笔者认为，第一阶段是"透明工厂"，即生产负责人能够随时了解车间发生的事情；第二阶段是"快速响应的工厂"，处理已采集的数据并正确显示，以在车间有任何变动的情况下快速识别负面效应，快速响应并采取定向措施，该阶段是非常重要的；第三阶段是"自主调控的工厂"，基于已实现的快速响应完善各生产流程的内部标准；第四阶段是"有效互联的工厂"，要考虑相关的生产流程和 PLM、能源管理和工厂管理等各个系统。

智能工厂的建设是制造业转型升级的重要手段，印刷企业应采用循序渐进的手段去推进，根据自身发展状况、特色，逐步实现高度自动化生产线、新型管理系统以及高级人才的培养等，从而获得实际效益。

4.2　印刷智能工厂物料转运规划设计 ①

印刷行业是生产工序较为复杂的行业，生产过程中几乎每道工序都牵涉到物料的转运和堆存，当前国内印刷工厂的物料转运仍需大量劳动力，并且存在物料复杂、流程和线路过多的问题。通过建设智能印刷工厂可以从根本上解决这些问题，智能印刷工厂的建设需要将制造业与信息技术和人工智能技术进行深度融合。通过将传统管理模式升级为离散的增强控制型管理模式，将智能仓储系统、云平台管理系统及 ERP 系统等技术与智能印刷设备相结合，搭建出可实现人机互联的智能印刷工厂。

相关学者在对智能印刷工厂建设的建议中提到：智能印刷工厂的建设要以数字化、信息化和精益化的生产方式为建设目标，精益化的车间布局设计能更好地促进智能印刷工厂的建设。智能化的物料转运方式也是当前智能印刷工厂建设的重要组成部分，可以有效降低企业运输成本和人力成本，例如深圳某印刷工厂引进了自动导航小车（AGV）等先进物料转运设备，极大地提高了物料转运环节的速度；天津某票据印刷工厂引进了 AGV 小车及其调度系统，使生产车间效率提高 30% 以上；上海某印刷工厂引入了两条基于智能工厂的智能印刷生产线，其产量提高了数倍，用工量也降低至 10%。因此，智能印刷工厂的建设对于印刷企业提高产品生产效能至关重要。

本文提出一种用于智能印刷工厂的物料转运规划策略，结合激光 SLAM 技术，利用 AGV 小车实现印刷工厂原材料、半成品以及成品的自动化转运，对国内智能印刷工厂的建设具有一定的指导意义。

一、智能印刷工厂车间物料转运总体布局

本研究设计的智能印刷工厂物料转运规划策略主要包括三部分：一是智能印

---

① 此文刊载于《数字印刷》2022 年第 3 期，作者：王忆深、李铮、齐元胜、于滨、马文静、马英哲。

刷工厂车间的布局设计；二是印刷车间内印刷物料转运路线的规划；三是 AGV 小车的选取。

1. 智能印刷工厂车间的布局设计

印刷工厂车间布局的合理性会直接影响印刷生产效率，因此布局应按照精益化原则进行设计，要尽可能地使各工序的生产周期互相接近，减少无效等待时间和在制品积压量，保证工序合理和印刷生产的连续性，避免半成品重复往返运输。

智能印刷工厂具体车间布局设计为减少迂回运输和交叉运输，合理利用空间布局，将原材料入口和成品出口设计在同侧，并将原料入库、半成品出入库及成品出入库按照单一物流方向原则进行设计。为最大限度减少物料转运的等待时间，减少无效劳动车间，印刷车间布局设计成"U"形，共有原料入库、裁切、印刷、折页、胶订、塑封打包和成品入库 7 道工序；在印刷的整个流程中，半成品划分为临时堆放区，以确保人、机及物的工作范围不交叉或减少交叉。印刷车间布局如图 4.2.1 所示（图中每道工序代表相应的车间）。

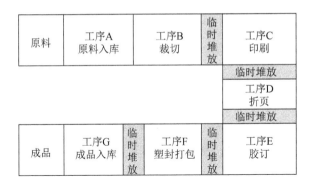

图 4.2.1　印刷车间布局

2. 印刷物料转运路线的规划

针对当前印刷制造业的工艺特点、产品结构以及上述车间布局，本研究对智能印刷工厂生产车间进行物料转运路线规划。

印刷行业现已广泛使用 ERP 系统对企业进行运营管理，ERP 系统接收到印刷订单后先进行预处理，包括产品的工艺分析和车间的产能管理，保证物料供给和设备产能满足且略高于订单需求；然后机台人员再根据生产任务向 AGV 调度管理系统发出指令；AGV 调度管理系统将根据指令，调度相应运行路线上的 AGV 小车进行印刷物料转运工作，如图 4.2.2 所示。

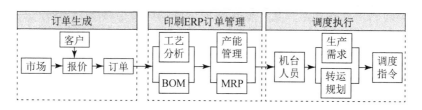

图 4.2.2　转运调度执行流程

按照图 4.2.1 的布局方式，印刷物料转运路线整体呈"U"形，并根据智能印刷工厂常规生产需求设计 6 条 AGV 小车运行路线，分别为纸库到裁刀、裁切半成品到印刷机台、印刷半成品到折页机、折页半成品到胶订机和配页机、胶装书到塑封打包设备和成品书到成品库，如图 4.2.3 所示。通过 6 条 AGV 小车运行路线实现整个生产流程的物料自动转运。

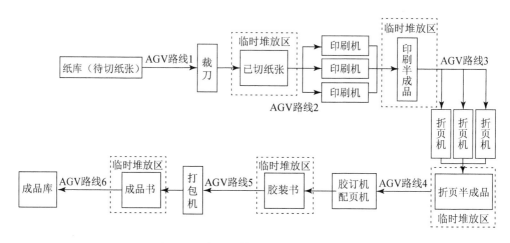

图 4.2.3　印刷物料转运"U"形路线分布

3. AGV 小车的选取

智能印刷工厂中印刷物料在车间工序之间以及各印刷设备之间的转运都通过 AGV 小车来实现。AGV 小车应根据工作环境和印刷原材料的特殊属性来确定其导航和移载方式，当前国内 AGV 小车的导航方式有磁导航、二维码导航和 SLAM 激光导航等。SLAM 激光导航采用先进的激光雷达传感器，实时构建所处位置的环境地图进行导航，能适应各种环境，因此，车间情况较为复杂的印刷工厂应选择普适性较强的 SLAM 激光的导航方式。

印刷工厂常用的印刷原料有印刷纸张、油墨、薄膜、胶辊和橡皮布等，具有形状不一、种类多且体量大的特点，例如印刷油墨一般为桶装；印刷纸张、薄膜、胶辊和橡皮布一般为卷筒状，其中印刷纸张也可能堆积成一扎。因此，AGV 小车应选择叉取式移载方式，该方式适用于货物体量大且种类多的工厂或仓库，以满足印刷工厂物料搬运的需求。

二、AGV 定位技术

定位是确定 AGV 小车在当前环境下位姿的功能，也是机器人运动感知最基本的功能。激光 SLAM 叉取式小车通过蒙特卡洛定位法（MCL）确定自身所在位置。MCL 将针对所处环境使用粒子滤波器跟踪 AGV 小车的姿态，在给出起始位置后，MCL 会在 AGV 小车附近发出一些粒子，这些粒子会随着 AGV 小车的运动而移动，也会随着速度的变化来实时更新位姿，当粒子与机器人距离较远时，粒子就会淡去或不显示；当粒子与 AGV 小车距离较近时，就会产生更多的粒子将其包围。由于 MCL 较为容易实现，所以在印刷车间路径规划中实用性较强。如图 4.2.4 所示，在仿真过程中，粒子会大量集中在 AGV 小车附近，通过对粒子的搜索也就实现了对 AGV 小车的定位。

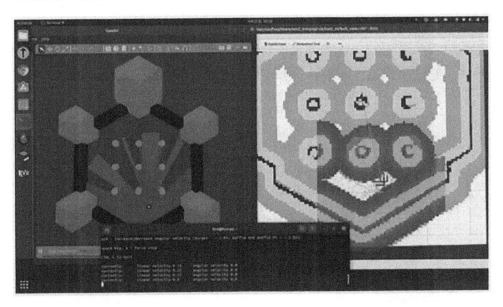

图 4.2.4　蒙特卡洛定位

三、AGV 路径规划技术

路径规划和避障是 AGV 小车实现物料转运的关键技术，路径规划在 AGV 小车实际运动中一般分为全局规划和局部规划两部分。全局规划主要是解决 AGV 小车在已知环境中的路径规划问题，即明确起点、终点和已知途中障碍物的位置，代表性的算法有 A* 算法、LPA* 算法和 D*Lite 算法；而局部规划主要是解决 AGV 小车在环境信息未知情况下的路径规划问题，即运动过程中存在未知障碍物的情况，代表性的算法有动态窗口法（DWA）和人工势场法。

A* 算法采用启发式搜索方式，LPA* 算法是基于 A* 算法的增量启发式搜索方式，比 A* 算法效率更高，但 LPA* 算法具有划分结果不稳定，随机性强的缺陷。两种算法都无法满足本研究的路径规划需求。D* 算法采用的是启发式反向搜索的规划方式，它先用 Dijkstra 算法进行最短路径规划，当遇见障碍物时只需做局部的重规划，与 Dijkstra 算法相比效率更高，但当存在未知障碍物且距离较远的最短路径规划时，则不太适用。

基于 LPA* 算法的 D*Lite 算法可以使 AGV 小车能够在有未知障碍物的环境下快速进行动态重规划，由于其采用增量式搜索方法，每当 AGV 小车寻路需要重规划但不需要完全重新计算，可以利用首次寻路时的数据进行增量式搜索，只需处理好终点到起点的启发值即可，可以减少重规划次数以及重规划影响节点数，相对 D* 算法来说能有效降低算法的复杂性。建立印刷车间栅格地图，如图 4.2.5 所示，通过路径仿真可得出 SLAM 技术结合 D*Lite 算法，在智能印刷工厂环境下可以使 AGV 小车实现有效的路径规划及避障。

本研究提出了一种适用于智能印刷工厂的物料转运规划策略，按照单一物流方向原则设计了印刷工厂车间布局和物料转运路线，选用激光 SLAM 叉取式机器人结合 MCL 和 D*Lite 算法，实现印刷过程各工序间物料的自动化转运，解决了印刷工序间物料周转劳动强度大以及人力成本高的问题，对国内智能印刷工厂的规划建设有重要意义。

本研究设计的物料转运规划策略在以下几个方面还有待改进。

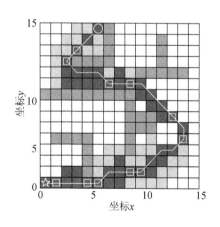

图 4.2.5　D*Lite 算法路径仿真

（1）设计的"U"形转运路线在智能印刷工厂标准环境中较为适用，但针对票证防伪印刷和液晶印刷等特种智能印刷厂时则需要重新规划，后续将针对特种智能印刷工厂进行改进。

（2）选用 MCL 虽然有效解决了 AGV 小车的位姿跟踪问题，但定位精度不高，在后续研究中可以选用更精确的方法，提高其定位精度。

参考文献

[1] 齐元胜，高溯，吴萌，等．印刷智能制造关键技术研究进展 [J]．数字印刷，2021（3）：1-13.

[2] 魏新平，李征．浅谈智能印刷工厂的建设 [J]．数字印刷，2018（11）：55-57.

[3] 叶壮志，庞也驰，胡行同，等．印刷企业实施智能制造的思考与技术实现 [J]．数字印刷，2020（4）：81-99.

[4] 钟云飞，张乔丽．基于 JDF 的印刷 ERP 系统初步研究 [J]．包装工程，2010, 31（7）：99-104.

[5] 于赫年，白桦，李超．仓储式多 AGV 系统的路径规划研究及仿真 [J]．计算机工程与应用，2020, 56（2）：233-241.

[6] 袁骏，张胜，赵华．面向轮胎行业数字化车间物料自动转运机器人系统研究 [J]．制造业自动化，2021, 43（3）：150-155.

[7] 李想．基于 SLAM 的室内移动机器人导航技术研究 [D]．哈尔滨：哈尔滨工业大学，2018.

[8] 张伟．智能包装印刷工厂 AGV 多信息融合自主导航技术研究 [D]．西安：西安理工大学，2021.

[9] 王晓燕，吕金豆．基于改进 A* 势场法的机器人动态路径规划研究 [J]．制造业自动化，2021, 43（1）：83-87.

[10] LEE M T, CHUANG M L, KUO S T, et al. UAV SwarmReal-Time Rerouting by Edge Computing D* LiteAlgorithm [J]. Applied Sciences, 2022, 12（3）：1056.

[11] DAI J, LI D F, ZHAO J W, et al. Autonomous Navigationof Robots Based on the Improved Informed-RRT*Algorithm and DWA [J]. Journal of Robotics, 2022, 2（2）：1-9.

[12] 杜轩，欧资臻．改进 D* Lite 和人工势场法的移动机器人路径规划研究 [J]．制造业自动化，2022, 44（2）：153-158.

4.3 印刷智能工厂VOCs深度综合治理及监测技术探讨 [①]

一、引言

目前我国的经济正在稳步、高速发展，工业化水平也在不断提升，因此带来的环境和大气污染问题，也正在面临前所未有的挑战，习近平总书记指出："把臭氧污染防治纳入'十四五'规划，实施PM2.5和臭氧的协同控制。"国务院针对印刷行业污染排放等相关问题，将"包装印刷"列入VOCs排放的重点行业，并且于2018年发布了《打赢蓝天保卫战三年行动计划》，对其实施VOCs专项整理方案。对VOCs实施监测，是贯穿整个VOCs治理过程的重要环节，首先通过监测可以得到VOCs的产生源和污染指数，最后经过一些手段的治理再到排放环节，也需要监测是否满足排放的标准等。

二、VOCs的危害及其治理现状

如图4.3.1所示，挥发性有机物（VOCs）对环境和人类有极其严重的危害，不仅会导致雾和霾这类恶劣天气，还会造成臭氧和二次有机气溶胶等污染环境，并且极易引起人体呼吸困难和呼吸道感染等相关疾病，因此采取有效的监测方法来对VOCs的浓度及组成进行判断，具有重要的意义。VOCs从来源上进行分析可以划分成自然源和人为源两种，从全球范围角度进行分析，则人为源所排放的VOCs要远少于自然源。然而，当前一段时期内我国人为源和自然源的VOCs排放却处于同一水平。在区域尺度上，人为活动的VOCs排放量远远高于自然源的

---

① 此文刊载于《数字印刷》2021年第2期，作者：齐元胜、邵丽蓉、程前、马延强、谷玉兰、马克西姆。

VOCs 排放量。据统计分析，尤其针对高度城市化和工业化的经济快速发展区域，人为所造成的 VOCs 排放量接近于自然源的 3 倍。

　　VOCs 的排放会对人类和环境造成很大的危害，其中，VOCs 中存在的部分有害物质，会造成人体出现恶心、呕吐等症状，严重时还会伤及人的肝脏和大脑神经系统等；VOCs 中存在的较强光化学反应活性物质，是造成臭氧层消耗的重要因素，如图 4.3.1 所示。目前，我国的 PM2.5 浓度仍远高于指导值，臭氧污染问题较严重，因此采取有效的监测措施对于有害气体的防控具有重大意义。然而当前 VOCs 的治理问题依然突出，原因在于 VOCs 排放标准的制定以及监测方法不够完善，影响治理工作深入开展。与此同时，VOCs 的治理涉及许多行业，而针对不同行业又面临不同的生产工艺和排放特征等问题。印刷行业尤其是包装印刷作为工业 VOCs 产生的重要源头，更要加强 VOCs 的监测和治理。目前，我国的环境监测技术基本上处于现场采样标本后进行实验室分析的阶段，所用的采样仪器以手动和半自动为主。直读型、在线型、应急仪器基本上被国外产品占据，若单纯依靠引进国外自动在线监测仪器，由于投资和运行费用过高，难以满足我国环境质量自动监测的需要。

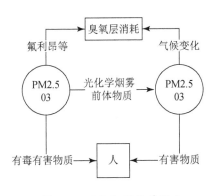

图 4.3.1　VOCs 的化学影响

三、印刷业的 VOCs 情况分析

　　我国约有 10 万家印刷企业，其中包装印刷企业约 5 万家，主要集中在京津冀及长三角地区，包装印刷企业约占印刷业总产值的 80%，同时包装印刷 VOCs 的排放量占比也接近于 80%。我国是软塑包装生产的第一大国，无论是生产量还是销售量都有迅速的增长，而在软包装印刷过程中使用的原料多是高 VOCs 含量的产品，管控不力，将使大量的 VOCs 无组织排放，对环境产生严重的污染。

以软包装企业生产流程为例，了解了 VOCs 产生的环节在印刷和复合这两个环节，如图 4.3.2 所示，其具体表现在以下几个方面。

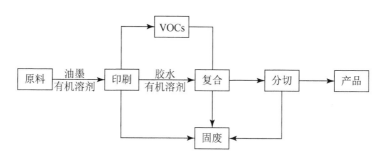

图 4.3.2 软包企业生产流程图

（1）印刷：软包装的印刷工艺主要是凹版印刷，该工艺的主要材料包括原料、有机溶剂和油墨，有机溶剂又包含稀释油墨和清洗油墨两种，原料与油墨经过印刷机进行印刷后烘干备用，在此过程中产生一定量的 VOCs 和废料。

（2）复合：将印刷后备用的材料与不同特性的薄膜通过胶水等其他方式进行黏合，组成一个具有新功能特性的材料。该工艺通常是把胶水等能够实现黏合的有机溶剂涂布到一层薄膜上，通过烘箱的干燥，与另外材料进行热压复合。该工艺的主要材料包括胶水等有机溶剂，有机溶剂又包含稀释胶水和清洗胶水两种，该过程产生一定的 VOCs 和废料。

针对印刷包装行业而言，主要的 VOCs 排放表现为以下方面：油墨有机溶剂含量占自身 40% 左右，印刷时需要再添加一定量的有机溶剂来作为稀释剂；与车间密闭性及末端治理措施有关；部分企业只对印刷设备及印后设备等工位产生的废气进行收集和处理，收集效率也不高。

四、现有的 VOCs 监测与分析技术

对 VOCs 进行监测分析一直是国内外各行各业所关注的焦点。目前，VOCs 的检测手段主要是包括离线监测和在线监测两种方式。离线监测以手工的方式进行采样，有较高准确性，但其采样过程耗时耗力，对环境要求苛刻，且存在着滞后性，不能够及时地反映出 VOCs 的变化情况。而在线监测方法弥补了这些缺点，避免了手工采样存在的干扰，提高了分析结果的准确性。

1.离线监测方法

离线监测主要是通过手工进行采样，然后带回实验室使用一些分析仪器对采样样品分析。但是离线监测结果受外界的干扰因素较多，比如不同的操作人员的操作方法、运输环境的影响以及收集容器的污染等。目前主要的离线采样方法包括全量气体采样法和吸附剂富集采样法。

2.在线监测方法

在线监测技术主要有光谱技术、在线气相色谱、质谱技术等。在线监测技术大大提高了监测结果的实效性，同时避免了离线监测过程中外界各种干扰因素影响，满足污染源实时准确监测需求。在线监测分析最大的特点就是便携、可移动、实时性，缺点是其无法满足范围较大的检测工作，且价格昂贵。

五、印刷包装行业 VOCs 监测方法

结合印刷包装行业的生产实际，针对规模以上企业的生产车间处于独立分散式排布，为了能快速、有效、实时监测车间内气体浓度变化，可以考虑搭建无线网络监测系统（云平台），其主要内容如图 4.3.3 所示。

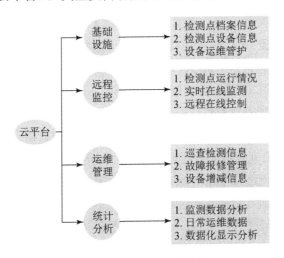

图 4.3.3 云平台主要内容

无线网络检测系统的实质是网格化在线监测，是一种基于深度神经网络的机器学习算法，动态的分析污染的形成、传输和扩散情况，在定性判断污染形成的基础上，定量分析污染的成因和变化，再反馈到企业中，针对存在的治理缺点进

行优化改进。综合固定监测和移动监测的仪器且基于智慧环境的网格化空气质量检测技术，从而形成覆盖整个区域的感知物联网络。如图 4.3.4 所示，网格化的监测系统采用三层架构体系，即感知网、传输支撑层和应用层。监测数据被感知设备采集后，通过信息传输上传到云平台，再通过云平台计算和大数据挖掘，进而可以确定园区空气污染的主要成因以及来源，并为预测报警及靶向治理等决策提供全面精确的大数据支撑。

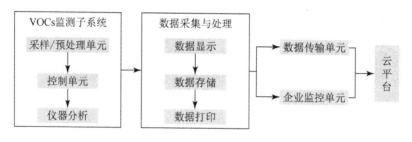

图 4.3.4　网格化监测架构

六、印刷行业 VOCs 深度治理

对于 VOCs 的深度治理，也即综合治理，2019 年国家出台了相关的政策与标准，针对重点排放 VOCs 的印刷行业来说，也有相关政策，主要包括《重点行业挥发性有机物综合治理方案》《印刷工业污染防治可行技术指南》《油墨中挥发性有机化合物（VOCs）含量的限值》三类。

1. 进行深度治理的必要性

北京印刷协会通过对京津冀地区中小印刷企业进行调研，采用低温 UV 等离子、单一活性炭等治理设施的企业约占 80%，治污效果差并且有较高的安全风险。也存在部分企业即便选择了高效治理技术，但因设计不规范和系统不匹配等影响因素，仍存在投资运行费用高，去除率低等问题。VOCs 的治理要加强过程管控和生产监测，但目前管理不到位、操作流程不健全和自测能力不足等问题在企业中普遍存在。

鉴于存在上述的种种问题，并且行业治理技术指南制定工作刚刚起步，技术选择无依据，造成了目前 VOCs 治理乱象。VOCs 治理已经进入第二阶段，这也标志着我国 VOCs 治理任务开始也急需进入精细化和深度治理阶段。印刷包装行业深度治理尚处起步阶段，仍然在摸索办法。

2. 进行深度治理的方式

（1）从源头控制 VOCs 排放

①从油墨选择的角度控制。因为挥发性溶剂型油墨释放 VOCs，所以采用环保型油墨。具体包含醇溶性油墨、植物油基油墨、EB 油墨、UV 油墨（水性 UV 油墨）、水性油墨、应用水性上光油、UV 上光油、无醇或低醇润版油和水性胶黏剂。从源头削减与替代上下功夫，深入推广无溶剂复合、水性胶黏剂复合，大量使用低 VOCs 含量（30% 以下）的水性油墨，从而做到从源头上控制 VOCs 的排放，实现环保减排的效果。相较于溶剂型油墨，水性油墨虽然环保性能有所提高，但达不到零含量，而且国产水性油墨呈现出来的印刷质量往往还不及溶剂型油墨，生产出来的产品在色泽度、附着力等多方面的表现也差强人意。

②从无组织排放方面控制。在无组织排放的控制方面，需要加强含 VOCs 物料的储存、调配、输送、使用等工艺环节控制：储存和输送过程必须保持空间密闭；调配应在密闭的装置或空间中完成，并将挥发气体进行有效的收集；涂布、印刷、附膜、复合、上光、清洗等含 VOCs 物料工艺过程应使用密闭的设备或者在密闭空间内完成操作；提倡重点地区的印刷企业对涉及 VOCs 排放车间进行车间总体负压改造或局部吸风改造，继而控制 VOCs 的排放。

采用以下方法减少无组织排放：烘箱负压，管道及阀门密闭检查控制车间温度，设置无组织废气排风系统，油墨桶封闭、油墨槽加盖等。

（2）从过程控制减少 VOCs 的排放

干燥是印刷过程 VOCs 排放量较大的环节，采用烘干装置是减少印刷行业 VOCs 排放的有效方法；应用目前市场上任一较成熟的反应固化、压力固化、调温固化、水基 UV 固化、热燃烧固化和催化燃烧固化等固化工艺对工艺过程进行优化控制，通过加强工艺过程管理，规范操作来减少 VOCs 的排放。

（3）末端治理技术

目前企业在治理 VOCs 的过程中，在末端治理环节，投入成本有 80%，而上述两种只有 20%，这样造成治理成本很大。结合现有技术来看，VOCs 治理有两大类基本技术，第一类是吸附技术，属于物理过程，吸附法适用于大风量且低浓度的 VOCs 废气回收处理，净化效率一般较低，在实际标准化 VOCs 处理中很少单独使用，可结合几种回收技术联合治理，如冷凝＋吸附／吸收，膜分离＋吸附／吸收，等等。另一类是销毁技术，是一种化学过程，通过催化燃烧或生物法进行销毁，把排放的 VOCs 分解转化成 H_2O 和 CO_2 等无毒无害的物质。比如燃烧技术、光氧化和等离子体技术等。这种方法对 VOCs 成分的适应性较广，当

VOCs 没有回收价值、种类复杂，可以选用此类技术。

要做到深度治理，即需要将上述治理手段综合来使用，做到全方面治理、分类治理，这样才能达到深度治理的效果。

七、结语

本文对印刷包装行业产生的 VOCs 废气进行了分析，指出了其对人类和环境造成的危害，得出 VOCs 的防控治理势在必行；目前包装印刷行业是排放 VOCs 的重点行业，借由国家制定的相关气体排放政策，指出印刷包装行业需加强对 VOCs 的管控和治理；对于 VOCs 的监测，提出了搭建无线网络检测系统的想法，为检测及治理提供了网络化的数据支撑，并简要论述了要使治理达到政策标准，需要进行深度治理，以及深度治理的具体措施。

印刷行业对于 VOCs 的监测和治理是一项长期且复杂的工作，想要做好印刷行业 VOCs 深度治理，就要在治理瓶颈上加强关注，现在是数据化的网络时代，未来 VOCs 的治理将线上线下结合，可能对 VOCs 的深度治理会是一种方法上的突破，这项工作需要整个行业共同努力，为人民群众生命健康安全和环境循环可持续发展提供保障。

参考文献

[1] 王学臣，王帅，崔建升，等 . 拉链排咪、塑料制品和印刷行业 VOCs 排放特征比对分析 [J]. 环境监测管理与技术 , 2020, 32（6）: 65-67.

[2] 冯旸，刘锐源，刘雷璐，等 . 广州典型印刷企业 VOCs 排放特征及环境影响和健康风险评价 [J]. 中国环境科学 , 2020, 40（9）: 3791-3800.

[3] 胡涛，赵丙坤，彭远松 . 包装印刷业挥发性有机物的排放治理分析 [J]. 食品与发酵科技 , 2020, 56（4）: 85-90.

[4] 李建军 . 印刷行业 VOCs 深度治理之路，任重道远 [J]. 印刷工业 , 2020, 15（3）: 53-59.

[5] 李小逸 . 新形势下工业 VOCs 治理工艺选型对策 [J]. 资源节约与环保 , 2020（7）: 140-141.

[6] 孙悦 . 印刷车间 VOCs 废气控制刍议 [J]. 资源节约与环保 , 2020（6）: 95.

[7] 付加鹏，金春江，程星星，等 . 重点 VOCs 行业排放特征统计调查研究 [J]. 环境工程 , 2020, 38（6）: 188-194+125.

[8] 郑华春，党小庆，李世杰，等 . 印刷过程 VOCs 废气收集方式选择与优化 [J]. 环境工程学报 , 2020, 14（10）: 2786-2795.

[9] 邵敏，董东. 我国大气挥发性有机物污染与控制 [J]. 环境保护, 2013(5):25-28.

[10] 高愈霄，霍晓芹，闫慧，等. 京津冀区域大气重污染过程特征初步分析 [J]. 中国环境监测, 2016(6):26-35.

[11]《京津冀区域环境保护率先突破合作框架协议》解读 [J]. 前线, 2017(1):73-74.

4.4　从跟跑到领跑！
印刷装备行业瞄准"卡脖子"技术 ①

"十四五"期间，印刷装备行业挑战和机遇并存。印刷装备将全面实现自动化，并在此基础上利用大数据、云计算、物联网技术升级改造传统的制造模式、工艺和制造方法提高生产效率和质量，继续朝着数字化、智能化、绿色化、定制化发展方向迈进。

一、成果突出，创新能力亟待升级

回顾"十三五"时期，我国印刷业总体取得了较好成绩，年总产值达到 1.3 万亿元，企业数量 9 万余家，从业人员 250 余万人，位居世界第二。

印刷企业和印刷装备制造企业均取得了不俗成绩。例如，中荣印刷集团股份有限公司入选 2018 年工业和信息化部智能制造示范基地；陕西北人印刷机械有限公司承担国家科技支撑计划，入选 2019 年工业和信息化部制造业单项冠军培育企业；长荣股份 2019 年成为德国海德堡的第一大股东；杭州科雷机电工业有限公司入选 2019 年工业和信息化部制造业单项冠军培育企业等。

印刷装备制造企业已普遍认识到创新的重要性。多数骨干装备企业建立了企业技术中心，个别企业建立了博士和院士工作站，在装备结构设计方面申请了大量相关技术专利。高新技术企业比例不断提升，骨干企业普遍采用 ERP 信息化管理手段，关键零件实现精密数控的加工和检测设备检验，部分企业通过质量、环境和职业健康管理体系认证，部分产品通过 CE 国际认证，产品出口形势良好，销往全球 50 多个国家和地区。

随着进入高质量发展阶段，印刷装备行业也面临着巨大挑战。行业大而不强，

---

① 此文刊载于《印业独家》网络版 2021-1-13，作者：齐元胜。

企业规模小且散，集成度不高；行业发展基础研究薄弱，技术创新依然不足，原创性技术匮乏，创新型人才匮乏，企业综合创新能力薄弱，亟待转型升级；高端印刷装备特别是高端多色胶印刷机、数字印刷机等被德国、日本、美国等发达国家垄断的局面并未改变，在一些关键技术方面尚未攻克，如制约多色高速高精度印刷机设计与制造、多学科集成的绿色印刷工艺、数字喷墨打印头等关键技术，这直接影响从印刷大国向印刷强国迈进。

二、协同攻关，夯实智能应用基础

印刷装备行业将补齐自动化短板，夯实智能化应用基础，力争在若干制约印刷装备设计制造"卡脖子"技术方面取得突破。

一方面，大力推进智能制造，采用轻量化设计、绿色设计、环保材料等，实现国家碳达峰和碳中和的目标。继续在设计研发阶段提高优化、动态仿真水平、增强协同设计能力。基础零部件加工制造方面，利用机械行业和其他行业强基计划，实现关键零部件国产化，大型复杂零部件实现智能数控加工和质量保证一体化。关键印刷装备生产如多色凹印刷机、高速轮转胶印刷机、模切机等方面，实现制造工艺优化、工艺参数智能感知、ERP、MES等一体化集成和智能管控。

同时，利用数字孪生、增强现实、人工智能技术、边缘计算、云计算、大数据、物联网等架构典型印刷装备智能制造系统，在部分龙头企业建立数字化车间和智能制造应用场景。

重点支持若干家智能制造系统解决方案供应商，以印刷装备龙头企业和包装印刷龙头企业作为试点，进行智能制造示范，为行业提供可复制、可推广的经验。部分企业实现从制造向服务型制造模式转型，提高品牌价值，实现区域资源协同，提升企业增值空间，增强企业面向产品全生命周期服务的使命感和责任感。

另一方面，鼓励企业联合高校院所协同攻关，攻克制约我国行业发展的高端印刷装备若干关键技术，重点聚焦智能多色高速高精度印刷机设计与制造、多学科集成的绿色印刷工艺、数字喷墨打印头等关键技术。

建立印刷装备和工艺协同制造创新中心，服务行业重大关键技术研究和成果转化，加大印刷包装及装备制造相关专业建设力度，构筑高端人才培养和技术人才培养基地，培养复合应用型人才和高端技术人才，增强行业对人才的吸引力。

第五部分

印刷数字化智能化关键技术研究

5.1　智能制造网络应用场景构建策略 [①]

　　在国家相关技术政策的大力支持下，5G 技术得到了快速发展。同时，5G 技术下的网络基础设备建设也得到了大规模的扩张，并在多个区域以及多种领域得到了广泛应用。与其他通信技术相比，5G 技术在单一性方面得到彻底突破，它能够把各种通信技术有机结合，是一种综合性的全新的通信技术。5G 技术在传输速度和网络资源利用率上都有了显著提升。在融合化概念提出后，5G 技术逐渐应用在工业中成为支撑工业生产的基础设施。例如企业内网改造充分利用 5G 技术的特性，结合边缘计算、AI 和大数据等新技术，实现 AGV 调度、生产设备数据采集和智能安全生产监控等应用，打造高效办公一体化的智能工厂，促使企业生产制造朝着数字智能化和网络服务化转型升级。针对目前传统制造业的缺点，5G 技术的应用可实现企业的智能制造，推动了我国制造业的高质量发展。

　　本研究首先介绍 5G 技术的特性并分析与其他网络技术的差别，然后针对传统工业网络的痛点提出"5G+"企业内网的解决方案及基本特征分析；并对基于 5G 技术的智能制造应用的定制网络进行分析；最后归纳总结了基于 5G 技术显著特点下的应用场景。

一、5G 技术介绍

　　5G 技术，即第五代移动通信技术，是以 4G 技术发展十分成熟的架构作为技术基础进行发展并构建的一种全新通信技术。5G 技术下的网络架构灵活开放，通过多接入边缘计算（MEC）与工业应用紧密结合，保证数据安全性和低时延。5G 网络支持网络切片，为工业用户提供高可靠性的资源保障，满足工业互联网应用需求。5G 技术主要的特性体现在高带宽（高频率）、广联接（大容量）和低时延（高可靠）。

---

① 此文刊载于《数字印刷》2022 年第 3 期，作者：谷玉兰、邱国锋、齐元胜、王晓华、杨文杰。

1. 高带宽（高频率）

现在的移动网络技术主要在较低的频段工作，通过较低的成本达到较好的覆盖率，具备良好的传播性能，但是低频段的连续频率资源非常宝贵。在 4G 技术的长期演进过程中，单个载波频率范围最大为 20MHz，多个非连续的载波能够在载波聚合技术运用下实现叠合达到更高的速率，但许多高频段的频率资源依然无法得到合理使用。而 5G 技术一个显著的特点就是频率很高，它采用大规模天线（Massive MIMO）作为硬件基础，以解决较高频率下通信传播受限的问题。在高频率的频段中，可利用的资源都具有高频率的特点，对应的波长很短（毫米波），因此在进行天线设计时可以使天线阵子与频率产生源之间的间隔非常小，使其在较小的范围内集成天线阵列。其中，天线阵子数量增加可以获得额外的增益效果，并与波束赋形结合，采用波束追踪技术弥补较高频率下通信传播受限的缺陷。简单地说，在广联接和低时延要求下，必定有海量的数据要进行处理和分析，因此必须在高带宽下才可以承载如此大的数据量。

2. 广联接（大容量）

5G 技术下的网络使物联网的终端功耗和无线网络覆盖的局限性得到有效解决，支撑物联网技术的发展。广泛的覆盖场景是 5G 网络通信服务最基本的要求，只有搭建密集的基站才能保障用户在任何地方都能高效地实现个性化服务。5G 技术的广联接特点实现了万物互联，能够在固定的区域内允许更多的设备接入网络，使全新服务应运而生。

3. 低时延（高可靠）

4G 技术下的网络使移动网络时延性高，无法在一些实时性要求比较高的应用中使用。5G 技术完美解决了这一问题，它能够有效地降低网络的时延性，为用户提供毫秒级的低时延和高可靠保障。

4. 常见网络技术比较

本研究对常用的 Wi-Fi 技术、4G 技术及 5G 技术进行对比研究。传统的 Wi-Fi 主要用于仓储移动扫码和 AGV 调度等方面，虽然能够实现大范围的组网，但性能不够稳定，数据也存在安全风险；4G 技术主要应用于大型设备和车辆的远程监控与维护等方面，但对于实时性要求较高且需要进行大规模连接的设备依旧具有很大的局限性。5G 技术利用高频段通信极大提升了应用的安全性。从网络技术数据量化角度对 Wi-Fi、4G 技术和 5G 技术的参数进行分析，见表 5.1.1。

表 5.1.1 5G、Wi-Fi、4G 网络技术参数对比

参数	5G	Wi-Fi	4G
频段	授权频段	非授权频段	授权频段
网络时延	1 ～ 30ms	30 ～ 200ms 稳定性差	50 ～ 100ms
抗干扰	强	频段公有易干扰	强
移动性	切换时延毫秒级	切换时延长，易中断	100ms 左右
产业链成熟度	低，逐步成熟	高	高

二、传统工业网络痛点分析

传统工业网络存在缺乏整体规划，以及操作技术（Operation Technology，OT）和信息技术（Information Technology，IT）两张网络金字塔式数据交互架构信息层次多、网络组织分散，难以实现统一管理等缺点。传统工业网络的拓扑图如图 5.1.1 所示，其通信连接方式主要为工业以太网，光纤部署困难并且现场级工业总线布局复杂。实际应用受 Wi-Fi、蓝牙和 Zigbee 等技术在抗干扰性、传输速率、安全性以及移动性的限制，无线技术在企业专网的实现程度不高，占比率不超过 10%。因此企业需要对传统工业网络以"打通 OT 网络与 IT 网络""增加无线网络连接"为目标进行网络升级改造。

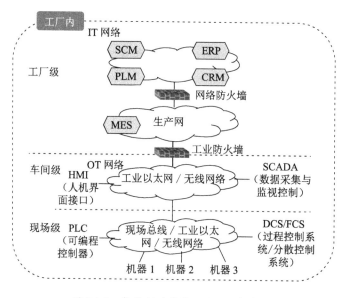

图 5.1.1 智能制造传统工业网络拓扑图

三、基于 5G 技术的企业专网

5G 技术能够打通 OT 网络与 IT 网络，建设维护成本低，同时无线网络稳定可靠使数据安全有保障，因此构建 5G 企业专网可解决传统工业网络存在的问题。5G 技术下的企业专网能够实现专网用户和公网用户区分隔离，达到专网业务差异化保障、业务数据不出专网和按需定制网络服务的基本特征，5G 技术与工业结合应用如图 5.1.2 所示。

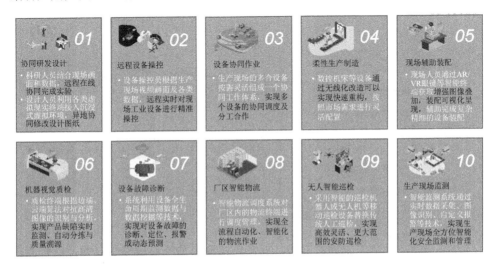

图 5.1.2　5G 技术与工业结合应用

四、5G 技术的智能制造应用定制网络

构建 5G 企业专网可解决传统工业网络的痛点。其中，5G 技术定制网络分为 3 种模式，分别为虚拟专网、混合专网 +MEC 和独立专网 +MEC。MEC 是将网络功能、内容和应用一同部署到靠近用户接入侧的网络边缘，用户数据不必进入运营商核心网，可降低网络时延，实现与公网隔离，为企业提供更高的安全保障，达成极致用户体验。这 3 种不同类型的网络模式使客户在特定的覆盖区域实现数据的可靠传输、设备的管理和控制等功能下进行网络连接，以实现客户在管理、生产和调度等环节的个性化场景需求。

1. 虚拟专网

虚拟专网模式主要需求为在特定场所下的非特定客户，以及广域移动下拥有带宽稳定的场景。以中荣印刷集团股份有限公司（以下简称"中荣"）为例，虚拟专网的 5G 组网模式如图 5.1.3 所示，采用传统网络模式部署，专网用户通过 5G VPDN 卡专线连接到中荣内网，其他普通大网用户若有上网需求，直接访问互联网。但是该模式存在数据需要经外部联通的路由器而造成网络时延增加的缺点。

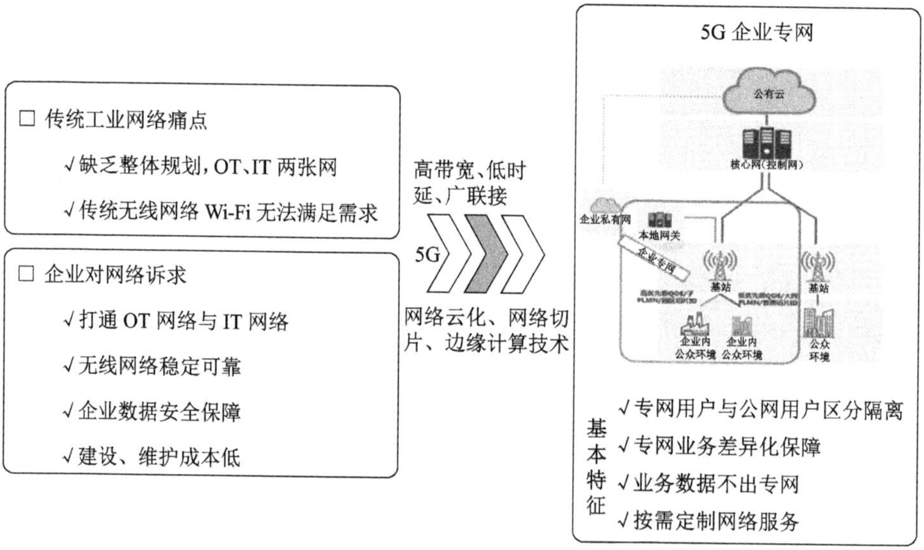

图 5.1.3　虚拟专网的 5G 组网模式

选择该模式的主要原因是整个工厂全 Wi-Fi 覆盖，超过 70% 的生产设备能够联网并且进行数据采集，包括旧设备的可编程控制器件（PLC）改造。在制造业进行数字化改造时需要考虑到 Wi-Fi 长距离下使用 AGV 小车是否顺畅，监控拉线及生产设备位置移动的网络布线速度，AR/VR 全息技术对带宽的要求，以及工业安全的需求等情况。通过 5G 技术多运用场景实践试用，确定企业未来工业互联网的升级方向及路径。该模式具有投入少，工作效率高的优点。

2. 混合专网 +MEC

混合专网 +MEC 模式主要针对数据时延要求高、数据本地卸载和资金相对敏感的场景，例如高端制造、数字工厂 / 车间和工业园区等。绝大部分制造业 5G 技术应用都选用混合专网 +MEC 模式，但针对企业不同的状态和规模，该模式大同小异。

以中荣为例，租用中山联通服务器共享 MEC 资源，在 MEC 部署应用，通过使用专属物联网卡，终端数据连接到 MEC 云，实现数据与运营商公网隔离，降低业务时延，如图 5.1.4 双点画线所示；共享模式中客户内网服务器与 MEC 使用专线打通连接，实现数据互通。

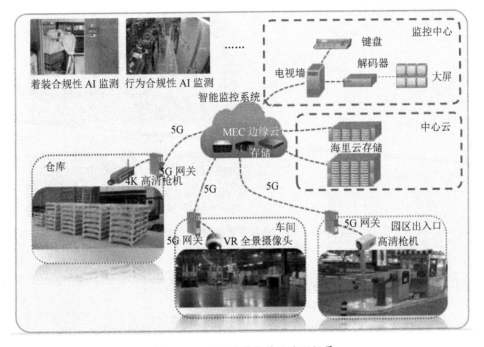

图 5.1.4　5G 下的监控系统应用场景

MEC 采用共享或独享模式，承载工业专网用户相关业务应用。专网用户通过 5G MEC 物联网卡连接到 MEC 云，实现本地化数据处理的安全保障，降低业务时延。其他普通大网用户若有上网需求，可以直接使用普通流量卡访问互联网，如图 5.1.5 所示。虽然该模式投入成本增加，但与运营商公网隔离，由企业内部网络来管控，对工控安全有极高的提升。并且由于数据不经过外部网络，使该模式降低了业务时延，同时还可以快速构建强大的内部物联网，满足精益生产对基础网络的要求，实现远程印刷机等重要设备的运维以及 AR/VR 等场景的应用。

3. 独立专网 +MEC

独立专网 +MEC 模式主要的需求场景是针对数据私密性和安全性要求较高以及对资金不敏感的情况，例如煤炭、军工和核电电力等。

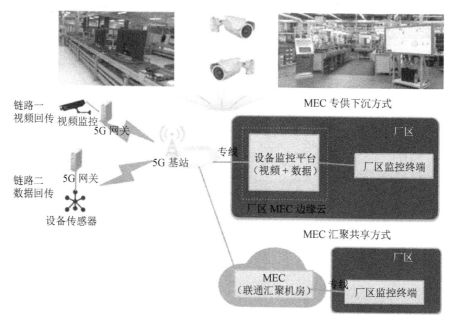

图 5.1.5　5G 下的设备远程操控的应用场景

五、基于 5G 技术的智能制造网络应用场景

在 5G 时代下，企业朝着数字化、智能化的方向发展进程不断加快。在工业互联网思维的指导下，大量的设备能够联网进行数据采集及通信。面向具有 5G 应用需求的企业，推广成熟 5G+ 工业互联网模式，如图 5.1.6 所示。

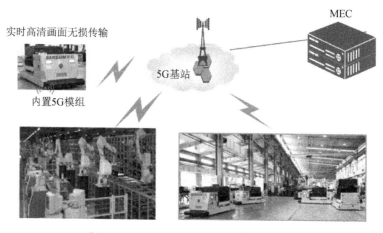

图 5.1.6　5G 下的 AGV、机械臂应用场景

1. 5G 技术高带宽特点应用场景

在 5G 技术的飞速发展下通信运营商向着不限流的模式发展，为用户提供各类增值个性化服务。传统的接入方式发生了巨大的变革，采用多种核心网的关键技术，例如网络功能虚拟化（NFV）、软件定义网络（SDN）、网络切片和 MEC 等，有效解决了工业应用中的问题。

以传统的视频监控部署的节点存在扩展不灵活和上传带宽有限的问题为例，5G 技术采用无线方式实现高带宽，同时利用专线网络与中心云结合支撑海量数据存储。图 5.1.7 为 5G 技术高带宽特点下的视频监控场景。在工业园区、仓库和车间等现场，通过内置 5G 模组或部署 5G 网关等设备，并将各类传感器、摄像头和数据监测终端设备接入 5G 网络中，通过这些采集设备对环境和运行状态等数据进行有效采集，最后将采集的数据传输给 MEC 边缘云上的智能监控系统，实现对生产设备、人员和物料等全方位的有效监测和管理，保障生产的健康运行。

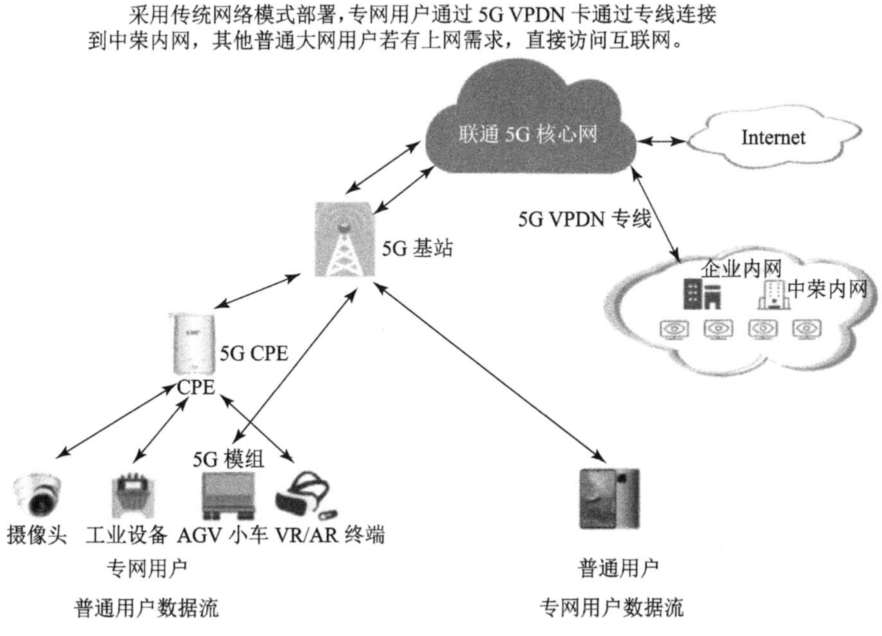
采用传统网络模式部署，专网用户通过 5G VPDN 卡通过专线连接
到中荣内网，其他普通大网用户若有上网需求，直接访问互联网。
联通 5G 核心网
Internet
5G VPDN 专线
5G 基站
企业内网
中荣内网
5G CPE
CPE
5G 模组
摄像头
工业设备
AGV 小车
VR/AR 终端
专网用户
普通用户数据流
普通用户
专网用户数据流

图 5.1.7　中荣 5G 虚拟专网拓扑图

2. 5G 技术广联接特点应用场景

5G 技术与物联网的融合发展也就意味着网络中会存在数十亿的采集设备，

要想在大规模的网络中实现稳定的数据采集和传输，5G 技术就必须要将数据的采集和传输效率提高，一般可以采用正交频分复用技术（Orthogonal Frequency Division Multiplexing，OFDM）实现。但若想大规模利用 5G 技术，仅采用 OFDM 技术是完全不够的，还需要物理层面的帮助，即一个合理灵活的网络架构。通过灵活的 5G 网络架构可以提高网络的传输速率，而 5G NR 的网络框架能够充分满足基于 5G 技术的不同的服务和应用场景需求。

图 5.1.8 为 5G 技术广联接特点下生产设备远程操控的应用场景。利用 5G 技术、自动控制理论和边缘计算等多种技术的深度融合，在 5G 网关等设备下，通过数据采集终端能够有效地实现数据采集的网络化。同时工作人员也可以利用 5G 技术对所需的采集数据以及作业画面进行快速且可靠的远程指令操作。

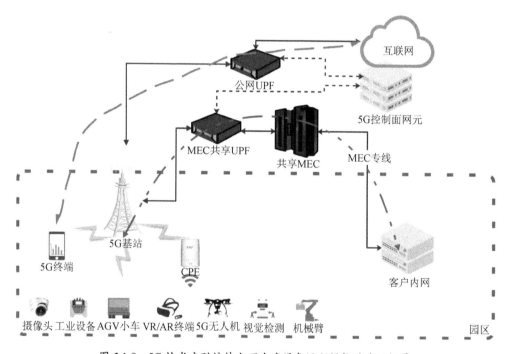

图 5.1.8　5G 技术广联接特点下生产设备远程操控的应用场景

3. 5G 技术低时延特点应用场景

5G 网络下的各类智能设备和网络管理中心之间通信时延，最小可达 1ms，可以保证车间生产的顺利运行。5G 技术可以满足一些生产设备及环节对网络时延和带宽等方面的要求，例如 AGV 小车长距离运动及无人叉车都需要低时延的网络，来保证设备平稳运行和精准作业。同时在自动控制系统中，传感器在获取温湿度、压力等直接关系着设备的参数时，也需要低时延的网络来实现高精度控制。

图 5.1.9 为 5G 技术低时延特点下的 AGV 和机械臂等设备的应用场景。将5G 技术下的网络接入应用场景中，同时配合智能物流的调度和定位技术，可实现整个作业过程的自动化和智能化。因此，将 5G 技术融入工业的控制和协同中能够替代有线网络使工厂变得柔性化。

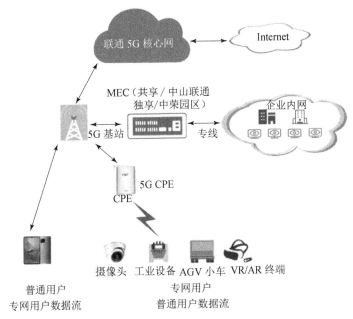

图 5.1.9　5G 技术低时延特点下的 AGV 和机械臂等设备的应用场景

本研究首次针对传统工业网络的痛点提出基于 5G 技术下的企业专网，并基于 5G 技术的智能制造应用定制了虚拟专网、混合专网 +MEC 和独立专网 +MEC 这 3 种不同类型网络，实现在管理、生产和调度等环节的个性化场景需求；同时基于 5G 技术的显著特点对智能制造网络具体应用场景进行分析。利用 5G 技术结合边缘计算、AI 和大数据等新技术，开展智能监控系统、设备远程运维和机器视觉检测等应用，为工业企业打造集终端、平台、网络和应用一体化的端到端整体解决方案。对未来 5G 技术发展和应用建议如下：

（1）鼓励支持 5G 技术落实力度，加快 5G 技术下制造业网络的部署，扩大5G 技术下应用规模，包括 5G 基站与高速主干网络的建设，实现我国制造业的转型升级；

（2）5G 技术下的网络数据信息安全尤为重要，需要对数据信息建立安全制度，才会有利于技术的不断创新；

（3）制造业应积极引入并充分利用 5G 技术等新一代信息技术，积极引进和培育高素质多元化人才，为 5G 下的制造业提供技术支持和方向，使制造业智能制造的发展得到保障。

参考文献

[1] 贺仁龙.“5G+ 工业互联网”赋能制造业转型发展 [J]. 上海信息化，2020（12）：23-26.

[2] 蔡丽玲.“5G+ 工业互联网”支撑制造业智能化转型 [J]. 电信快报，2021（5）：47-48.

[3] 王鑫，陈昌金，邓博文. 工业互联网利好政策下我国制造业升级问题的研究 [J]. 物联网技术，2021，11（6）：102-105.

[4] 刘腾飞，王艳红，王菁菁. 以“新基建”助推我国制造业数字化转型升级 [J]. 时代经贸，2022，19（2）：116-119.

[5] 庄存波，刘检华，张雷. 工业 5.0 的内涵、体系架构和使能技术 [J/OL]. 机械工程学报，2021，[2021-11-17].

[6] 靳欣欣 . 5G 在装备制造业的应用研究 [J]. 电子技术应用，2021，47（11）：1-5+10.

[7] 沈蕾，常瑞雪，谢永琴 . 5G 背景下中国制造业升级的动力机制 [J]. 科技管理研究，2022，42（2）：119-128.

[8] 苗蕴慧，王韬.“5G+ 工业互联网”赋能辽宁制造业转型升级研究 [J]. 商业经济，2022（5）：38-40.

5.2　面向智能制造，印刷 ERP 必须要做的改变 [①]

印刷行业如果是利用传统 ERP 系统的 BOM 来进行生产管理则更加不合适。因为从成本的角度考虑，很多时候印刷业会把不同产品的构件或一个产品多个不同的构件进行搭版（混拼）生产，或者把一个产品分散到多张工单上生产，又或者把多个产品合并到同一张工单上生产。这种做法还必然导致原来构建的产品档案（BOM）失去意义，因为无论是材料用量信息生产模数都会产生改变。下面我们就以两个不同的产品来举例说明，模拟印刷企业对这两个产品应因不同情况开出不同的工单，如表 5.2.1 所示。

表 5.2.1　产品档案（BOM）表

天地盒产品档案

产品名称	数量	构件	材料名称	模数
天地盒	6000	天盖	晨鸣 157 单铜	4
		地盒	晨鸣 157 单铜	2
纸巾盒	6000	盒体	晨鸣 157 单铜	4

纸巾盒产品档案

情况 1　非搭版情况根据产品资料开出的工单，共 2 张

工单 1：天地盒工单

产品名称	产品数	构件	材料名称	模数	生产数量
天地盒	6000	天盖	晨鸣 157 单铜	4	1500
		地盒	晨鸣 157 单铜	2	3000

---

① 作者：何永志、齐元胜。

工单 2：纸巾盒工单

产品名称	产品数	构件	材料名称	模数	生产数量
纸巾盒	6000	盒体	晨鸣 157 单铜	4	1500

情况 2 搭版情况根据产品资料开出的工单，共 1 张

工单：搭版工单

产品名称	数量	备注		
天地盒	6000	产品由天盖＋地盒两个构件组成		
纸巾盒	6000	纸巾盒为单构件产品		
生产部件		材料名称	模数	生产数量
天盖＋盒体		晨鸣 157 单铜	2　2	3000
地盒		晨鸣 157 单铜	2	3000

情况 3 搭版情况根据产品资料开出的工单，共 2 张

工单 1：搭版工单

产品名称	数量	备注		
天地盒	6000	天盖与纸巾盒搭印，地盒在另外一张工单		
纸巾盒	6000	纸巾盒为单构件产品		
生产部件		材料名称	模数	生产数量
天盖＋盒体		晨鸣 157 单铜	2　2	3000
地盒		晨鸣 157 单铜	2	3000

工单 2：（天地盒）地盒工单

产品名称	数量	备注		
天地盒	6000	天盖与纸巾盒搭印在另外一张工单		
生产部件		材料名称	模数	生产数量
地盒		晨鸣 157 单铜	2	3000

通过以上模拟生产情况可知，印刷企业根据具体产品具体的生产情况开出不同工单是再正常不过的事情。这种情况使得原来建立好的产品档案（BOM）并

不能很好地服务于工单即生产。因为生产模数在变化从而导致使用材料的数量也在变化。而当把一个产品不同构件放到不同的生产工单时，传统的 BOM 已经不能很好地表达完整的产品逻辑。而上面所举例子只是一个极简化的工单，本身就没体现出加工逻辑。但同理可知，传统的 BOM 也不可能完整地体现产品的加工逻辑。

事实上，目前市面上的印刷 ERP 工单（工程单／施工单）的设计基本上都是根据印刷企业一直沿用的纸质工单设计而成。界面一般如图 5.2.1 所示：

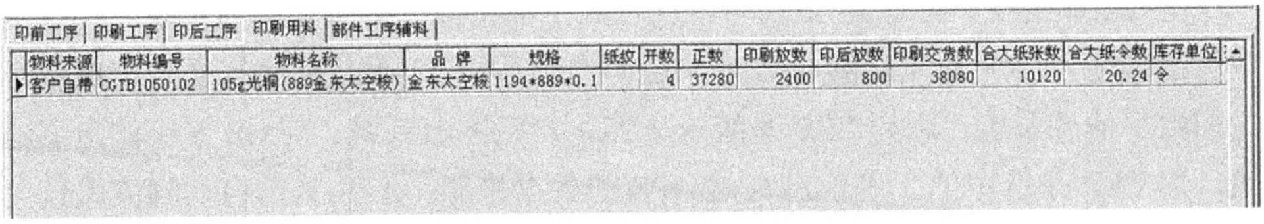

| 印前工序 | 印刷工序 | 印后工序 | 印刷用料 | 部件工序辅料 |

物料来源	物料编号	物料名称	品牌	规格	纸纹	开数	正数	印刷放数	印后放数	印刷交货数	合大纸张数	合大纸令数	库存单位
客户自备	CGTB1050102	105g光铜(889金东太空梭)	金东太空梭	1194*889*0.1		4	37280	2400	800	38080	10120	20.24	令

图 5.2.1　ERP 工作界面

为什么说是根据纸质工单来设计的呢？从图 5.2.1 可清晰看出，印刷 ERP 的工单依然按照传统习惯，把工序分成了印前工序、印刷工序和印后工序并给出三个编辑列表框。这样设计的好处是印企人员使用 ERP 时能够快速上手，弊端则是让整个生产逻辑不能完整地体现出来。让我们再次举例说明。如 A 部件的实际加工顺序是出版（CTP）、印刷、覆食品膜、出版（CTP）、印刷、烫金、分切成品。按图 5.2.1 所示的 ERP 制作的工单资料如表 5.2.2 所示。

表 5.2.2　工单资料

印前工序	部件名称	工序	说明
	A 部件	出版	第 1 套 CTP
		出版	第 2 套 CTP

印刷工序	部件名称	工序	说明
	A 部件	印刷	第 1 次印刷
		印刷	第 2 次印刷

印后工序	部件名称	工序	说明
	A 部件	烫金	
		分切成品	

从上面工单资料列表可知，印刷 ERP 按照纸质工单样式设计出来的工单并不能体现产品制造加工流程的全貌。这样的设计从根源上就把印前、印刷和印后加工逻辑及加工顺序天然割裂了，从而导致没办法正确地呈现出完整的加工逻辑和加工顺序。事实上，市面上绝大部分印刷行业的 ERP 系统的工单管理都是模仿纸质工单来设计的，同时也是遵循传统 ERP 系统以 BOM 作为系统的核心，使得印刷 ERP 系统天然存在两大缺陷，第一就是做大量的无用工建立并不能重复利用的 BOM，第二就是生产工单不能体现完整的加工逻辑及正确的加工顺序。

现在已经是 21 世纪 20 年代了，从上到下都在推动智能制造的实现。为了实现智能制造，ERP 系统必然与 APS、自动物流系统、WMS 彻底打通融合成一个大的数字信息系统。因为 ERP 系统是 APS、自动物流系统、WMS 系统的上层建筑，而 ERP 系统中的工单信息则是 APS 的数据来源，APS 又是自动物流系统、WMS 的指令中心。只有 ERP 的工单信息包含完整的加工逻辑并传递到 APS，APS 才可能实现排程的最优化。如上文所举例子，由于工单体现不了完整加工逻辑和正确的加工顺序，当把工单数据传递给 APS 后，APS 也会因为没有正确的加工顺序而不能对各加工工序进行合理的生产安排。同理，因工单不能体现完整的加工逻辑和正确的加工顺序，自动物流系统也没办法自动运作起来，只能以手工辅助的形式实现半自动化物流。事实上这样的 ERP 系统即使是在半成品管理、产品成本及制程成本分析方面都只能依赖大量的手工辅助作业才能完成。这些 ERP 系统已经不能完全满足当下及未来的印企智能化升级改造的需要。为了能够满足印企智能化升级改造的需要，印刷 ERP 系统是真的需要作出改变了。

那么到底印企 ERP 要作出哪些改变才能满足当下及未来"工业 4.0"智能制造的需求呢？

下面介绍需要改变的五个要点：

第一，传统的 ERP 是以 BOM 为核心的，而印企接单生产，BOM 的重用率并不高，因此印企的 ERP 不应该再以 BOM 为核心而应该以工单作为 ERP 核心。

第二，印刷 ERP 的订单、工单不能再以印前、印刷和印后来组织工序的加工信息，因为这样的组织方式天然把加工逻辑割裂了并且不能完整正确地体现加工顺序。在设计层面上不应该再有印前、印刷和印后的区分。

第三，印刷企业面对复杂产品生产时，会针对一个产品开出多个工单，面对简单产品时，也可能把多个订单多个产品开出一个工单。那么在工单底层设计时就必须要满足这种要求，让系统从数据结构层面建立完整的加工路线数据。

第四，印刷企业存在大量搭版（混拼）生产的实际情况，工单的设计必须满足这种印企特有的生产模式。搭版生产时不能再依赖于文字说明来解决而应该改变工单的底层设计来解决。让系统从数据结构层面建立起各生产部件完整的逻辑关系。

第五，产品档案（BOM）、工单的编辑界面避免以树状结构来呈现。树状结构常常被 IT 人员用于构建数据的逻辑关系，但是印企的操作人员一般都不是经过专业培训的 IT 人员，对这种树状结构的界面往往难以接受。产品档案（BOM）、工单的编辑界面要满足软件使用者的需要就只能尽量以二维列表的形式呈现，并尽量符合使用者的习惯。

当印刷 ERP 作出以上改变，那么其核心将以工单为核心，工单包含了完整的加工逻辑及完整的加工路线。

工单可以形成如图 5.2.2 所示的加工流程图：

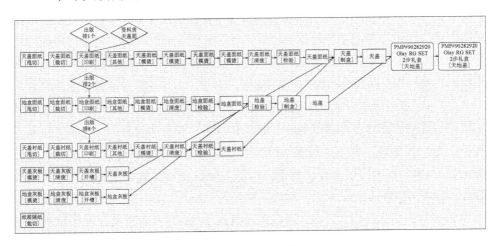

图 5.2.2　加工流程

5.3 基于 RFID 的印刷制品制造过程物料信息感知系统设计 ①

随着精益化生产要求的提高，射频识别技术（RFID）在加工制造行业得到了普遍应用，按应用目的可分为自动识别、动态数据采集、跟踪定位和鉴定授权等。对于订单生产制造过程其研究热点为制品自动识别管理及精准化物料配送管理。高欢等分析了车间生产过程物料转移过程，提出了基于 RFID 技术的数据采集方案，实现了车间生产过程中物料信息的有效管理，打破了传统物料跟踪与管理的局限。唐任仲等研究了生产物流数据采集和如何在海量数据中提取制品物流状态，基于 RFID 技术物流矩阵，解决了车间生产物流数据管理困难的问题。RFID 技术在包装印刷行业应用研究较少，在跟踪定位方面，RFID 室内定位精度虽然在直视空旷条件下可满足需求，但在有障碍物和空间较复杂情况下定位精度有待于进一步提高。吴旗等借鉴 RFID 读写器的部署思路将超宽带（Ultra Wide Band，UWB）技术应用在离散制造车间实时定位中，并验证了可行性。田华亭等进一步将 UWB 技术应用在了自动导航车辆（AGV）和人工叉车上，提出了车间内 AGV 与人工叉车的交通管理系统，解决了 AGV 与非自动行驶车辆的相互耦合问题。基于此，在 UWB 精准定位的前提下通过 RFID 来实现印刷制品制造过程物料信息感知是可行的。

包装印刷行业属于按订单生产的离散型制造行业，具有批量小和品种多等特点。行业单工位自动化高，但整体自动化程度低，尤其是工位之间的衔接。目前各个工位的衔接多采用人工填单方式交接，时常出现信息丢失，订单加工异常等问题。为提高信息化，印刷企业逐步引进 ERP 和 MES 等系统，但由于底层物料人工搬运及加工信息的缺失，导致效果不理想。因此，包装印刷行业车间物料的自动识别是一个急需解决的问题。

本研究从制造过程物料感知角度出发，以凹版印刷复合车间为例，在 UWB

---

① 此文刊载于《数字印刷》2022 年第 3 期，作者：张永立、齐元胜、马克西姆、邵丽蓉、朱聪颖。

系统准确定位的前提下，搭建基于 RFID 的印刷制品制造过程物料信息感知系统，实现了工位上下料、叉车搬运及物料缓存等场景下的纸管类物料信息感知，为包装印刷行业智能化升级提供参考。

一、车间模型

1. 工艺流程简介

软包装车间主要工艺流程包括印刷、复合、分切和制袋 4 个主要加工环节，如图 5.3.1 所示，各环节之间物料传递多采用圆形高密度纸类卷绕芯管（以下简称"纸管"）为支撑材料，原材料或半成品物料缠绕纸管表面，各加工设备采用双臂支撑气缸锁紧纸管进行上下物料动作。纸管作为一种轻质材料，不仅具有绿色环保、运输方便等优点，还具有优良的抗拉扯和抗挤压的特性，在印刷行业得到广泛应用。目前多采用手工填单张贴在物料外表的方式进行物料信息传递，经常因填单不清晰或遗失导致生产异常问题。已引进 ERP 和 MES 系统的企业，也只是在车间计算机端靠人工操作来实现加工信息的处理，因为物料无法自动识别导致无法实现真正意义上的自动化，大大影响生产效率。

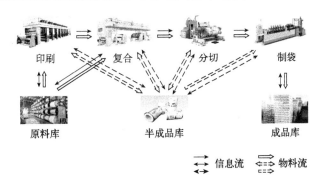

图 5.3.1　软包装车间主要工艺流程

2. 复合车间模型构建

以某印刷工厂复合车间为例，复合车间采集平台部署如图 5.3.2（a）所示，车间包括 2 个复合区、3 个熟化区和物料周转区。车间区域将含有复合机、物料转运叉车及大量待周转物料。本研究通过部署 UWB 定位系统来实现物料转运叉车的路径规划与定位，并满足车辆对复合机位置找寻。在物料识别及上下料过程的信息读写将采用 RFID 技术，在复合机上下料机械结构、叉车车身、周转货架及熟化区货架等部署 RFID 天线及读写器，在物料纸管端口安装 RFID 标签，以实现物料的信息读取。

复合车间 UWB 设备定位采集部署，如图 5.3.2（b）所示，以实现复合车间设备的定位，包括暂存货架、转运叉车及复合机等。首先，通过在复合机、转运叉车、周转区货架上安装 UWB 定位标签，并在车间四角部署 UWB 定位基站以满足车间内的标签信息采集，通过等长光纤实现基站之间的数据传输。其次，将 UWB 信息传输至定位服务引擎，实现车间设备的准确定位。最后，将实时位置信息传输至 PC 控制终端和监控面板，实现对转运叉车的任务安排和车间状态的实时监控。

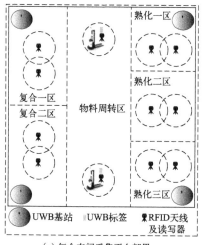

（a）复合车间采集平台部署

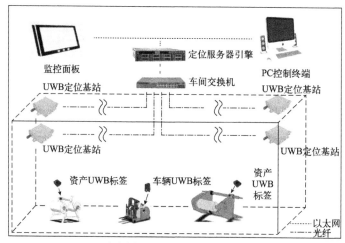

（b）复合车间 UWB 设备定位采集部署

图 5.3.2　数据采集平台部署

二、RFID 标签解析

1. 纸管标准

BB/T 0032—2006《包装行业标准——纸管》规定了 A/B 两类不同加工工艺和用途的纸管，两类纸管对应不同材质的卷材，纸管内径范围（25 ～ 400mm），壁厚范围（5 ～ 17mm），区别在于卷径向力指标不同。有关实验进一步表明，纸管径向具有 2mm 弹性形变，随着受压构件长细比增大，受压构件极限承载力和极限应力基本呈下降趋势，极限应力可达 5MPa，根据弹性模具测算出来的弹性模量平均值为 0.757GPa。凭借优良的抗挤压和拉伸性能，纸管作为卷绕芯管在包装印刷行业普遍应用。RFID 标签对安装基材的材质和形变有一定要求，纸管的优良性能为 RFID 标签的安装提供了基础。本研究对符合标准的某品牌纸管（内径 152mm、外径 182mm、壁厚 15mm 和高度 300mm）做抗压测试，强度达到 9.38MPa。

2. RFID 安装方式

RFID 标签按频段分为低频（LF）标签、高频（HF）标签、超高频（UHF）标签和微波（UW）标签 4 类，LF 标签作用距离小于 10cm，HF 标签作用距离 1 ～ 20cm，UHF 标签作用距离 1 ～ 10m，UW 标签作用距离大于 10m。考虑到加工区域上下物料的操作空间，优选 UHF 标签。

与纸管相比，RFID 标签尺寸较小，可采用 3 种方式进行固定（如图 5.3.3 所示白色部分为 RFID 标签），分别为内嵌安装、表面安装和管内安装。内嵌安装指在纸管一侧边缘开孔，将 RFID 标签嵌入纸管的一端；表面安装指筒外侧靠近一侧边缘开槽，将 RFID 标签粘贴于槽内（RFID 标签高度不能超过筒外壁轮廓）；管内安装指纸管内壁靠近一侧边缘开槽，将 RFID 标签粘贴于槽内（RFID 标签高度不能超过筒外壁轮廓）。3 种安装方式可满足纸管生产、使用和空纸卷的不同状况下安装 RFID 标签。

(a)内嵌安装　(b)表面安装　(c)管内安装

图 5.3.3　RFID 在纸管的安装位置

3. 读写器安装

从整个工艺流程分析，RFID 读写器除人工手持终端外，安装位置主要分 3 种情景，分别为工位上下料环节、叉车和缓存货架。从安装情景下分为读写器天线一体机和读写器与天线分体式。无论是一体机还是分体式安装，为了方便过程控制和人工监控，可以在读写器添加液晶显示，将部分纸管信息予以显示。纸管物料的 RFID 标签安装在一端，物料缓存架多采用三角形式，需要在支架两端各自安装天线，同样在工位上下料环节亦是如此。叉车采用一体机安装，安装位置在叉壁悬梁的正中间位置。RFID 读写器安装位置如图 5.3.4 中圆圈处所示。

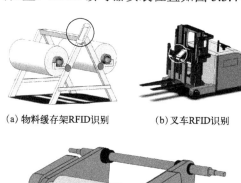

（a）物料缓存架RFID识别　　　（b）叉车RFID识别

（c）工位上下物料RFID识别

图 5.3.4　读写器安装情景

4. 标签编码规则

物料从加工状态上可分为原材料、在制品、半成品和成品。标签在生产加工过程中需要存储物料信息和加工信息，进一步可分为静态信息与动态信息，因此对标签 USER 区进行分区编码。电子标签芯片存储的数据为 16 进制数据（包含数字 0～9，字母 A～F），不能直接存储16进制数以外的其他字母、符号和汉字。将 USER 区域 64 字节分为前置数据区和动态数据区，前置数据区存储原材料及一次写入的信息，包括供应商编号、物料批次号、物料编码、ERP 排产订单号和工艺流程等信息；动态数据区存储产品操作状态和加工进程等实时更新的数据，包括本道工续、下道工序、当前工位、加工状态和操作员等信息，如图 5.3.5 所示。

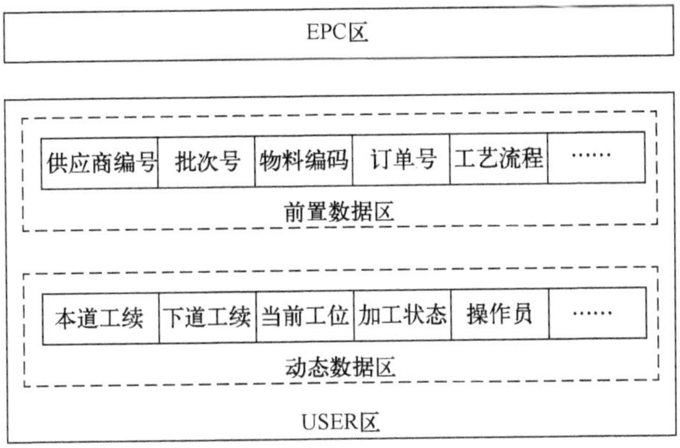

EPC区					

供应商编号	批次号	物料编码	订单号	工艺流程	……
前置数据区					

本道工续	下道工续	当前工位	加工状态	操作员	……
动态数据区					

USER区

图 5.3.5　标签编码结构

三、感知系统设计

1. 感知系统搭建

纸管物料 RFID 实时采集与处理方案如图 5.3.6 所示，主要分为纸管物料、RFID 读写器安装、传输网络、数据处理及控制终端等 5 个环节。纸管物料通过内嵌安装、表面安装和管内安装 3 种方式安装 RFID 标签的原材料、半成品及成品；

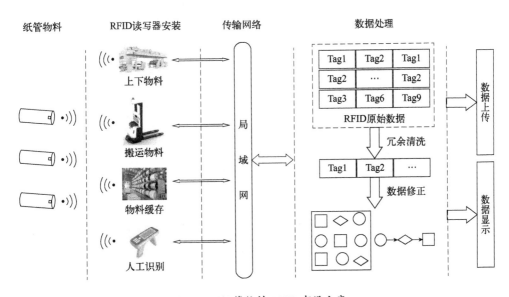

图 5.3.6　纸管物料 RFID 布设方案

RFID读写器安装为RFID读写器天线一体机，位置包括但不限于各类加工工位上下料环节、叉车或AGV自动搬运装置、物料缓存架、人工识别终端等；传输网络为读写器的数据传输网络，包括RS232通信口、RS485远程通信口、Wi-Fi及网口等；数据处理实现RFID原始数据缓存、数据冗余清洗和数据修正等功能；数据上传和数据显示分别实现了数据与MES系统或ERP系统对接及部分采集数据的显示，比如在上下料环节提示操作人员安装物料信息正确与否。

纸管物料有缓存、搬运、加工和闲置4类状态，在不同状态下与不同位置的RFID读写器交互，完成物料信息的读写和信息匹配，RFID读写器通过数据传输网络（上下物料位置和物料固定架采用有线传输，搬运叉车、物料缓存架和人工识别终端采用无线通信）将物料信息数据上传到RFID数据终端，中间件进行数据处理，最终处理后的数据一部分上传至控制终端，一部分进行数据显示。

纸管类物料信息感知系统框架如图5.3.7所示，主要分为RFID管理环境、RFID数据采集与处理和数据管理3部分核心模块，模块之间既独立又相互联系。RFID管理环境模块主要实现标签管理、读写器管理、读写协议和标签编码信息等；RFID数据采集与处理模块主要实现车间各工艺环节（印刷、复合、分切、制袋和其他工艺环节）的数据采集、加工信息交互、缓存区管理、生产计划调度管理和加工实时数据管理；数据管理模块包括标签和读写器的基础数据管理和采集与处理后的加工数据管理。RFID管理环境模块是整个框架的基础，该模块优化程度的高低决定了整个系统的稳定性。RFID数据采集与处理模块建立在RFID管理环境模块基础上，同时结合数据管理模块整合加工数据，实现标签动态数据的管理。该模块除了标签信息读写功能外，还具有加工信息交互功能，根据采集的物料信息与车间MES系统下发的生产任务物料信息匹配，将匹配信息予以显示，提醒操作人员进行信息确认。除此之外，物料在车间各工位之间传递，位置

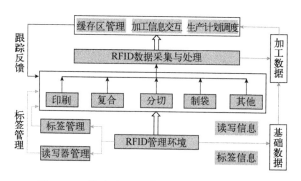

图5.3.7　制造过程物料信息感知系统框架图

信息是建立在 UWB 定位系统上，缓存区管理是缓存和管理与 UWB 系统交互涉及的数据。生产计划调度是 ERP 系统的延伸，更多的是涉及已经加工物料信息查询和管理。

纸管类物料信息感知系统的控制策略主要是当物料 RFID 标签处在 RFID 读写器识别范围内时，读写器会不间断地产生重复的标签信息数据，中间件的数据处理环节针对此状况会进行标签信息冗余清洗，去掉同一位置 RFID 标签未发生变化的数据，保留第一次有效采集的数据，同时，根据读取响应时间的先后进行排序，将排序后的数据进行上传。RFID 读写器不间断地识别范围内的 RFID 标签，直至标签信息发生变化，再次将处理后的数据上传。识别标签未变化期间，中间件不再进行数据上传工作，以此减小控制终端数据处理的压力。

2. 上下物料识别流程

以复合机上料为例，一个完整的上料信息感知流程如图 5.3.8 所示。叉车接收上料任务（工位 RFID 读写器同时接收到物料信息，如图 5.3.8 中虚线所示），获得包括物料位置的物料信息，在 UWB 定位导航指引下到达物料所在位置。叉车 RFID 读写器进行物料识别，物料所在位置的 RFID 标签信息全部获取无变化后，进行物料匹配，存在 3 种情况可能匹配失败，一是物料位置异常，二是物料信息异常，三是目标物料标签损坏。当出现匹配失败时反馈系统重新领取上料任务，匹配成功则进行物料抓取。抓取物料后，在 UWB 定位导航指引下将物料送至上料位置，工位 RFID 读写器识别物料信息，与接收到的物料信息进行物料匹配，匹配成功则监控看板予以信息提示，执行上料动作，否则进行异常报警，停止上料，叉车将物料原路送返。复合机下料动作与上料动作类似，主要区别在于叉车将物料放置在物料缓存架时需进行位

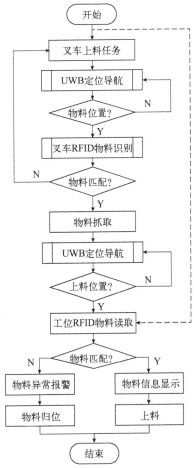

图 5.3.8　上料信息感知流程

置匹配。其余工位的上下物料流程和复合机上下料流程一致。

该框架作用于整个厂房，用在整个生产工艺过程中收集和监视实时物料加工相关数据和物料消耗数据。首先，在数据采集过程中读写器会不断地读取射频辐射范围内的标签，由此产生大量的数据，同时新的制造数据添加到历史数据库中。管理人员可以使用数据信息处理手段来分析物料相关数据。其次，通过从时间和空间的维度考虑采集数据时标签的特性，剔除冗余数据，暂时保留重要的标签数据，并作为将来生产决策的关键参考。再次，将每个工位节点中的物料容器和物料资源的生产信息集中计划与控制，帮助管理人员对未来的生产计划做出更明智的决策，并分析利用率低下的潜在原因。最后，根据提取的各工位采集数据信息之间的关联规则，对工位进行划分组合，使配送人员应更加注意这些相关联的设备，并避免和减少这些物料运送的偏差，使生产线各工位缓存区物料平衡，避免堆积和短缺现象的发生。

本研究仅对读写器可识别的标签信息进行数据处理，在实际实施过程中，由于现场环境复杂多变，例如障碍物、标签异常数据处理等因素，导致标签识别异常等，还需进一步深入研究。同时仅靠RFID标签实现定位方面研究也已成为热点，若能应用测试，则可极大降低成本。

3. 控制终端功能

从 RFID 传感器网络上传的感知数据上传到控制终端，控制终端功能框图如图 5.3.9 所示，主要分为信息管理功能和生产溯源功能。信息管理功能包括接口、信息处理和数据存储，其中接口包括读写器接口、ERP 接口和 MES 接口。通过读写器接口与读写器进行连接，获取上传数据及下发命令；通过 ERP 接口与 ERP 管理系统连接，进行企业资源计划线上对接；通过 MES 接口与 MES 管理系统连接，进行企业生产过程执行管理系统对接。数据处理实现对读写器上传的信息进行处理，对 RFID 需要更新的信息通过接口连接，对读写器下发写入命令。

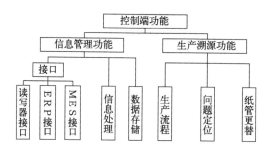

图 5.3.9　感知系统控制终端功能框图

数据存储功能模块存储读写器上传的信息以及其他需求信息代码。生产溯源功能包括生产流程、问题定位和纸管更替三部分。生产流程根据存储的加工流程代码进行某一物料或某类物料的历史生产流程查询；问题定位根据历史加工流程代码发现生产过程中的问题，从而快速定位问题所在并及时解决问题；纸管更替实现纸管可回收再利用，在进行更换纸管时，同时要进行电子存储数据的更新。

四、纸管 RFID 测评

本研究搭建 RFID 测试环境（读写器型号 LT-DS302，标签 U8 芯片 915M 无源），针对车间不同情况，研究纸管曲率、读写距离和标签安装方式等变量对 RFID 标签的读取性能的影响，通过测试，结果如图 5.3.10 所示。通过控制读写距离及标签安装方式，针对纸管内径 30～400mm 的曲率进行测试，并将曲率相差最大的读写性能进行对比，如图 5.3.10（a）所示。经多次读写，纸管内径 30mm 的数据误差变化为 1.8%，纸管内径 400mm 的误差为 4%，数据读写性能稳定；从图 5.3.10（b）可以看出通过改变测试读写距离，标签读写性能随读写距离增长而衰减，读写性能基本稳定，其误差约 4%；从图 5.3.10（c）可以看出将 RFID 标签分别安装在纸管内壁和纸管表面，读写性能误差约 4%，读写性能较为稳定。在无外物对纸管内壁覆盖时，管内安装表现出 8% 的性能优势。因此上述安装方式都具有实践可行性。

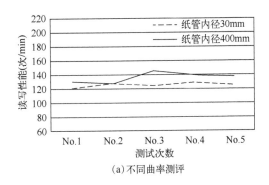

(a) 不同曲率测评

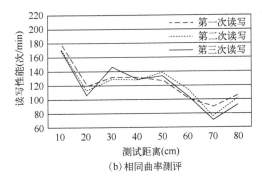

(b) 相同曲率测评

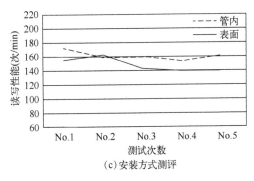

(c) 安装方式测评

图 5.3.10　标签读取性能测试

本研究结合软包装工艺流程，基于 RFID 技术搭建了适合包装印刷行业的印刷制品制造过程物料信息感知系统，设计了复合车间及纸管模型，给出了纸管物料 RFID 实时采集与处理方案及系统架构，详述了上下物料识别流程，对纸管 RFID 性能进行了测评，可将 RFID 标签应用于工位上下物料、叉车搬运和物料缓存等场景下的纸管类物料信息感知，为印刷包装行业智能化升级提供参考。

参考文献

[1] 贺仁龙."5G+ 工业互联网"赋能制造业转型发展 [J]. 上海信息化，2020(12)：23-26.

[2] 蔡丽玲."5G+ 工业互联网"支撑制造业智能化转型 [J]. 电信快报，2021(5)：47-48.

[3] 王鑫，陈昌金，邓博文. 工业互联网利好政策下我国制造业升级问题的研究 [J]. 物联网技术，2021, 11(6)：102-105.

[4] 刘腾飞，王艳红，王菁菁. 以"新基建"助推我国制造业数字化转型升级 [J]. 时代经贸，2022, 19(2)：116- 119.

[5] 庄存波，刘检华，张雷. 工业 5.0 的内涵、体系架构和使能技术 [J/OL]. 机械工程学报，2021, [2021-11-17].

[6] 靳欣欣.5G 在装备制造业的应用研究 [J]. 电子技术应用，2021, 47(11)：1-5+10.

[7] 沈蕾，常瑞雪，谢永琴.5G 背景下中国制造业升级的动力机制 [J]. 科技管理研究，2022, 42(2)：119-128.

[8] 苗蕴慧，王韬."5G+ 工业互联网"赋能辽宁制造业转型升级研究 [J]. 商业经济，2022(5)：38-40.

5.4　数字喷墨打印头技术应用现状及分析 ①

自喷墨打印技术问世以来，推动了数字打印相关领域的快速发展，喷墨头是数字喷墨打印系统的核心部件，其工作原理和结构决定了工作的可靠性和制造成本。本文分析了各类喷墨头的主要结构特点、全球主要生产厂商、应用领域、主要性能比较，并综述各类喷墨头的国内外需求现状，指出喷墨头技术国产化的解决思路。

一、喷墨打印头种类

喷墨打印头按照工作原理可分为电场偏转连续喷墨、按需喷墨两类，按需喷墨又分为两种，以下详细说明。

1. 电场偏转连续喷墨

连续式喷墨技术以电荷调制型为代表。这种技术利用压电驱动装置对喷头中的墨水加以固定压力使其连续喷射。为进行记录，利用振荡器的振动信号激射流生成墨水滴，并对墨水滴的大小和间距进行控制，由字符发生器、模拟调制器输出的打字信息对电荷进行控制，形成带电荷和不带电荷的墨水滴，再由偏转电极改变墨水滴的飞行方向，使需要打字的墨水滴"飞"到纸上形成字符和图形，另一部分墨水滴由导管收回。

2. 按需喷墨

（1）热发泡式。热发泡式喷墨技术通过加热喷嘴，使墨水产生气泡，然后再喷到打印介质的表面。它的工作原理是通过喷墨头上的电加热元件（通常是热电阻），在 3 微秒内急速加热到 300℃使喷嘴底部的墨水活化并形成气泡，该气泡将墨水和加热元件隔离，可避免将喷嘴内全部墨水加热。加热信号消失后加热陶瓷表面开始降温，但残留余热仍使气泡在 8 微秒内迅速膨胀到最大。由此产生的

---

① 此文刊载于《今日印刷》2017 年第 12 期，作者：齐元胜、董立波。

压力压迫一定量的墨滴克服表面张力从喷嘴中快速喷出。喷到纸上墨水的多少可通过改变加热元件的温度来控制，最终达到打印图像的目的。整个打印喷墨头加热喷射墨水的过程非常快捷，从加热到气泡的成长到气泡消失，直至准备下次喷射的整个循环只耗时 140 ～ 200μm。

（2）压电式。压电喷墨技术把喷墨过程中的墨滴控制分为 3 个阶段：喷墨操作前压电元件首先在信号控制下微微收缩；元件产生一次较大的延伸把墨滴推出喷嘴；在墨滴马上就要飞离喷嘴的瞬间，元件又会进行收缩，干净利索地把墨水液面从喷嘴收缩。这样，墨滴液面得到了精确控制，每次喷出的墨滴都有完美的形状和正确的飞行方向。压电式喷墨系统在装有墨水的喷头上设置换能器，压电换能器受输入数字信号的控制，从而控制墨水的喷射。根据压电式喷墨系统换能器的工作原理及排列结构可分为：压电管型、压电薄膜型、压电薄片型等几种类型。压电式喷墨打印头使用寿命长，而且墨水适用面广，但价格相对较高，主要应用于工业喷墨印刷领域。

二、喷墨打印头主要生产厂商

1. 赛尔公司

赛尔公司成立于 1990 年，总部位于英国剑桥， 1997 年在伦敦证券交易所上市。赛尔公司主要设计、开发和生产压电式喷墨打印头，早期主要业务是转让专利权，多家日本公司均购买了其专利使用权。1999 年，在兼并瑞典 MIT 公司后，建立了自己的生产基地，目前在瑞典和英国拥有两个生产基地。赛尔公司早期产品主要面向广告喷绘行业，具有较高市场占有率，后受到低价产品冲击，产品重点逐渐转向陶瓷喷印和家居装饰行业。

2. 富士胶片 Dimatix 公司

富士胶片 Dimatix 公司的前身是成立于 1984 年的 Spectra 公司，其总部位于美国加州， 2006 年被日本富士胶片公司收购后改为现名。富士胶片 Dimatix 主要生产高性能压电式喷墨打印头，可以生产满足各类喷墨打印要求的喷墨打印头，但由于产品售价较高，应用受到一定限制。

3. 柯尼卡美能达（KonicaMinolta）喷绘科技公司

柯尼卡美能达喷绘科技公司是日本柯尼卡美能达的子公司，成立于 2005 年。该公司购买了赛尔公司的专利使用权后，开发了基于赛尔技术的压电打印头，其产品以中低端为主，用于广告喷绘、纺织等行业。

4. 爱普生（EPSON）公司

日本爱普生公司是全球主要的压电式喷墨打印头及系统开发商，其产品主要用于爱普生自产自销的办公室及家庭打印刷机。面向工业喷墨印刷市场，爱普生也开发少量工业喷墨打印头供应其他用户，但通常要签订专门的商业合同，如要求同时购买墨水。

5. Sll Printek 公司

Sll Printek 公司是日本精工的子公司，成立于 2001 年。Sll Printek 公司购买了赛尔的专利使用权并以此开发出基于赛尔技术的压电式纺织用喷墨打印头，而赛尔本身并不生产这类产品。Sll Printek 的产品价格便宜，但由于工作频率低以及寿命短，主要应用于中低端市场。

6. 兄弟—京瓷（Brother-Kyocera）公司

日本兄弟（Brother）公司购买了赛尔及 Spectra 公司的专利使用权并以此开发出基于剪切运动的压电式喷墨打印头，日本京瓷（Kyocera）是全球主要压电陶瓷生产供应商。目前奥西、宫腰和多米诺的高速喷墨印刷机均采用了兄弟－京瓷的喷墨打印头。

7. ITW TRIDENT 公司

TRIDENT 公司成立于 1980 年，总部设在美国，主要设计、开发和生产用于包装、条码等工业打印的压电式喷墨打印头。1999 年被世界 500 强美国 ITW 集团收购，大多数产品供应 ITW 集团内部的打印刷机生产企业。近年来，TRIDENT 进入纺织、电子等工业。

8. 柯达（Kodak）公司

柯达公司最新推出的 Stream 喷墨打印头采用了连续喷墨原理，但与传统的连续喷墨打印头相比有了很大改进。Stream 喷墨打印头采用了基于 MEMS 技术的制造工艺，能够更好地适应不同品牌、不同类型的墨水，具有改变墨滴大小的能力。目前，柯达 Stream 喷墨打印头主要用于其最新的 Prosper 喷墨印刷机。

9. 惠普公司

近几年，惠普公司研发了基于 MEMS 技术的热敏喷墨打印头 Edgeline，其印刷宽度为 108mm，每个喷墨打印头包含两行共 10560 个喷嘴，可以喷印两种颜色，分辨率达到 1200dpi，每个喷嘴最高喷射频率为 24kHz，适用于水性墨水。同时，惠普在喷墨打印头的定位方面进行了改进，可实现快速更换喷墨打印头。目前，Edgeline 喷墨打印头主要应用在惠普的高速喷墨印刷设备 T300 和 T200 中。

10. 日本理光有限公司

创立于 1936 年 2 月 6 日，作为全球的数字办公设备解决方案领导者，作为最早探索数字图像输出技术的厂家之一，理光喷头用于 UV 打印刷机，由独立的控制小板、连接排线、核心喷头组成，喷头是全钢型结构，一次喷墨宽度为 25.4mm。在国外进口的机器 80% 以上都在使用理光喷头，在国内短短一两年时间，很大部分客户已经选择使用理光喷头的机器，以及之前购买了其他系列的机器已经改换为理光喷头的机器。无论是效果、速度还是寿命都比其他喷头有明显优势。

上述 10 家公司，除了柯达、惠普，其他公司的产品均为压电式喷墨打印头，而且柯达、惠普的喷墨打印头主要为内部使用，因而，目前在工业喷墨打印市场上，压电式喷墨打印头居于主导地位。除上述公司之外，日本松下、东芝，澳大利亚 Silverbook 等十余家公司也能够生产提供喷墨打印头产品，但使用量相对较小。

三、喷墨打印头主要性能参数

喷墨打印头主要参数包括材质、打印宽度、喷孔直径、喷射工作频率及分辨率。

喷头使用材质影响到喷头使用的寿命，一般区分为溶剂型和水性喷头，溶剂型喷头较水性喷头来说，接触到墨水的地方均使用耐溶剂的材质，但是强溶剂仍会腐蚀喷头，长期使用会把结合喷头的黏胶剂溶掉以致喷头穿孔。除非特殊制造的喷头，一般喷头使用材质都是金属材质，偏酸性容易腐蚀喷头。因此，喷墨墨水配制时一般配制成中性或碱性。

打印刷机喷头的幅宽是指实际喷出喷孔宽度，受喷头大小影响，但不等于喷头大小幅宽。喷头的打印幅宽会影响到可喷印 PASS 道宽度，从而间接影响到打印速度。喷头直径是指单个喷孔大小头孔径有 4 ～ 35PL 不等。

喷射工作频率越高可打印速度越快。分辨率，英文单位为 dpi，是指每平方英寸的点数。如画面的精度为 720dpi，1 平方英寸中就会有 720 个墨点。

四、喷墨打印头主要应用领域及市场需求分析

喷墨打印技术最早出现于 20 世纪 60 年代，至 80 年代中期技术逐步成熟。第一台商业喷墨打印刷机正式诞生，但由于速度和质量方面的局限，在很长一段

时间内，喷墨印刷技术主要以"喷墨打印刷机"的形式应用于办公和家用领域。在工业领域应用空间有限。后来随着喷绘机的诞生，喷墨印刷技术开始被应用于户外广告制作，逐渐在工业化应用方面占有一席之地，但仍未进入主流印刷市场。自"喷墨drupa"出现后，原本被冠以"低质量、低速度"标签的喷墨印刷技术正式进入主流印刷市场的视野，并由于在质量和速度方面的快速提升以及广泛的市场适用性，逐渐成为最具市场潜力的印刷方式之一。

（1）户外广告。户外广告喷绘是喷墨印刷技术最早进入的工业领域之一。相对其他领域，户外广告对印刷精度和印刷速度的要求不高，因而较早采用喷墨印刷。目前户外广告喷绘的市场已经十分成熟，并且随着全球城市化水平的不断提高，市场规模继续呈现上升趋势。

（2）陶瓷喷印。喷墨印刷技术在陶瓷领域的应用近十年呈快速增长态势，相对于传统加工工艺，喷墨印刷技术为陶瓷生产提供了成本更低，质量更高的选择，同时可以使产品更具创意，满足客户的个性化需求。据 *Ceramic World Review* 杂志统计。目前全球有约9000条陶瓷生产线，其中约一半在中国。

（3）纺织印花。纺织印花原来主要采用丝网印刷工艺，近年来逐步开始采用喷墨打印技术，通过数字喷墨印花机，直接将印花墨水喷射到各种纤维织物上印制出需要的各种图案。纺织工业规模庞大，而我国是全球最大的纺织品生产国。大量的纺织品生产为喷墨印刷技术的发展提供了巨大的空间。据 WTIN 预测，全球纺织数码印花产业将以16%的复合年增长率保持增长，到2019年，数码印花已占到纺织印花市场的7%。

（4）印刷电子。印刷电子是喷墨打印技术在高科技领域的应用，主要采用喷印技术将导体、半导体、绝缘体、高分子聚合物等电子材料准确打印到所需位置，制成印刷线路板、液晶显示屏、RFID 标签、光电池等高科技产品。近年来，随着智能手机、液晶电视、平板电脑等电子产品的流行，喷墨印刷技术在印刷电子领域的应用潜力十分可观。

（5）纸品印刷。近年来，喷墨印刷技术的优势逐渐为印刷企业所接受，在出版物、标签、包装等领域，呈现大幅增长态势。喷墨数字印刷在商业广告、票据证券、标签、个化印刷等领域有着广泛应用，根据美国 I.T .Strategies 咨询公司的报告，工业喷墨打印设备销售额中，工业喷墨打印头占比约为10%。作为工业喷墨打印设备的核心部件，工业喷墨打印头使用寿命一般为 1～3 年，属于消耗品，每年约有30%需要更新。据测算，我国工业喷墨打印头市场规模将保持年均30%以上的复合增长率，至2017年，我国工业喷墨打印头市场规模产值高达39.36亿元。

从全球来看，工业喷墨打印技术的应用在发达国家起步较早，但当前整体应用进展与我国基本相同，仍处于行业应用的初级阶段，未来的市场规模仍然具有非常大的成长空间。

此外，喷墨印刷技术在家居装饰、会议展览，乃至新兴的 3D 打印等领域也得到不同程度的应用。

由以上内容可以看出，我国以及世界对工业喷墨打印头有巨大的市场需求，而目前我国工业喷墨打印头行业仍处于行业应用的初级阶段，未来随着工业喷墨打印技术进入快速普及期，工业喷墨打印头行业的市场规模也将具有很大的成长空间。

五、喷墨打印头国产化策略分析

通过对压电式喷墨头的工作原理、结构特点、制造技术以及发展现状的分析可以看出，喷墨头属于微电子高精度产品，涉及工程热力学、传热学、流体力学、半导体材料及工艺、精密加工等多门学科，有着很高的技术门槛。我国对喷墨打印头有着巨大的需求，但喷墨打印头的核心技术大多数掌握在外国，那么，国产喷墨头如何实现产业化？国外喷墨打印头研发经历了原理研发和市场化过程，比较成熟，而我国由于起步较晚，当下处于追赶阶段。如果没有打印头技术，喷墨的核心技术掌握在国外，技术受制于人。因此，研发自主知识产权的喷墨打印头具有很重要经济和社会意义。

喷墨打印头技术属于数字喷印系统"皇冠上的明珠"，数字化、智能化是必然的发展趋势。数字化是智能化的前期必然准备，因此，实现数字化喷墨打印技术，是实现智能化的必由之路，必须要突破这个关键技术，才能在这一领域实现中国制造向中国创造转型。否则只是购买国外喷头，组装应用，谈不上自主知识产权。目前国内仅有几家单位的研发，有的已经制造出了自主研发的喷墨技术，如北京奥润联创科技有限公司，处于批量提高和升级阶段；苏州锐发和杭州爱斯凯也已经生产出了样品。

为了尽快缩短与世界先进水平喷墨打印头的技术差距，提出以下策略：

（1）国家科学技术部和工业和信息化部作为重点科技和产业攻关专项给予立项，需要国家投入引导资金，企业和高校科研院所联合，产学研协同，进行开发。在涉及的 MEMS 技术、封装工艺、胶水及器件耐腐蚀性可靠性、分析仿真技术等，特别是超精密加工技术方面，进行关键技术攻关，奠定产业化基础。

（2）购买技术，国内的企业购买国外知名厂商的喷墨头专利技术或专利许可证，在国内建设生产线进行生产，国家给予一定的补贴，逐步产业化。

（3）引进人才，大力引进与喷头设计制造检验相关的国外技术人才，但由于国外知识产权的垄断，这方面的人才不好聘请，即使聘请到也很难快速做出新产品，具有一定的难度。

在研发中充分发挥我国的优势，把握市场需求，以市场需求作为自己研发、制造喷墨头的方向。结合互联网、新业态，开发个性化、便携式、家庭式、可折叠式的喷墨设备，服务于体验式的广大专卖店或卖场场所等。同时考虑绿色环保技术，做到可回收，全生命周期过程管理等，实现绿色生产。

5.5 Collings 模型预测微液滴最大铺展直径因数研究 ①

　　微液滴撞击固体表面的铺展现象是现实生活中的常见现象，如喷墨打印、荷叶效应、农药喷洒等，涉及多种应用领域。在数字喷墨印刷领域，喷墨网点是构成印刷图像的最小结构单元，即油墨在承印物表面依据图像颜色的深浅形成大小不同或疏密程度不同的印刷墨点；网点在转移过程中的传递特性决定着印品质量，如网点形状、面积、立体形态、分布，在承印物表面的渗透、扩散等属性都会影响印品的质量[1]；其深层次原因是，微墨滴着陆时发生的铺展行为会引起物理网点的扩大，网点扩大一般发生在网点周边，它决定着沉积成像的质量。此外，在数码印刷中，影响印刷质量的还有其他因素，如温度、纸张性能[2]、油墨性能[3]等。印刷纸张质量的品质直接决定着印品质量的等级。E.W.Collings 等人[4]研究了金属液滴撞击平面的铺展特性，进行了流体力学分析，但未推出显式的液滴铺展公式和使用条件。本文在对 Collings 模型详细推导的基础上，得出了（液滴最大铺展直径因数）与韦伯数、接触角的关系式，而且将计算结果和试验数据进行对比验证，分析了 Collings 模型的预测能力和应用范围，为精准研究微液滴的最大铺展直径因数奠定了基础，进而提高印品质量。

一、Collings 理论模型

　　Collings 模型研究的是金属液滴在平面基底自由下落的溅射淬火凝固过程[4]。金属液滴采用 Nitronic40，衬底材料分别采用铜、氧化铝和熔融石英。在实验中，直径为几毫米的液滴从静止状态下落入一根垂直安装的长管中，管子抽成真空，或者充入各种压力的惰性气体。在真空环境下，用电子束熔炼金属或合金导线的

① 此文刊载于《绿色包装》2022 年 1 月，作者：樊瑞瑞、肖军杰、蒋小珊、齐元胜、焦慧敏。

末端，产生液滴。

Collings 实验假设球形液滴的初始密度为 Q，初始半径为 r，最终液滴凝固为半径为 R 的极薄圆柱形薄饼状样条，液滴初始下落高度为 h，如图 5.5.1 所示。

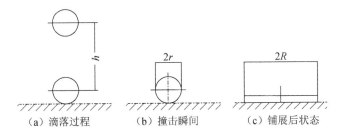

（a）滴落过程　　　（b）撞击瞬间　　　（c）铺展后状态

图 5.5.1　球形液滴下落前后尺寸

液滴撞击时，除了通过液体的黏性流动摩擦所耗散的一些能量，其余所有的动能均用来改变系统的表面能和界面能，则近似的能量平衡表达式为

$$\frac{4}{3}r^3Qgh+4\pi r^2\gamma_1 \cong \pi R_{\max}{}^2\left(\gamma_1+\gamma_{s1}-\gamma_S\right)+E_f \tag{1}$$

式中 γ_1 为液体与蒸汽界面的表面张力，γ_{s1} 为基片与蒸汽界面的表面张力，γ_S 为液体与基体界面的表面张力，g 是重力加速度，$\frac{4}{3}r^3Qgh$ 为初始球形液滴的初始势能，$4\pi r^2\gamma_1$ 为初始球形液滴的表面能，$\pi R_{\max}{}^2(\gamma_1+\gamma_{s1}-\gamma_S)$ 为球形液滴的界面能，E_f 为摩擦耗散的总能量。初始球形液滴的表面能 $4\pi r^2\gamma_1$，通常都比势能小，故可忽略，且忽略摩擦耗散的总能量 E_f，可得到的 $R_{\max}$ 上限，由文献 [4] 可知：

$$\gamma_S=\gamma_{s1}+\gamma_1\cos\theta \tag{2}$$

且已知：

液滴初始密度 Q=7000kg·m³；

撞击初始速度 $v^2=2gh$；

液滴下落高度 h=0.5m；

液滴撞击前直径 $L=D=2r$；

液体与蒸汽界面的表面张力 γ_1=1.5J·m⁻²；

可得韦伯数：

$$We=\frac{Qv^2L}{\gamma_1}\approx 91.47=92 \tag{3}$$

故可知 $\beta_{\max}$ 与液滴和承印材料所形成接触角 θ 的关系式：

$$\beta_{\max} = \sqrt{\frac{We}{3(1-\cos\theta)}} \qquad (4)$$

其中，$\beta_{\max} = \dfrac{D_{\max}}{D}$。

二、接触角讨论

接触角是液滴撞击铺展实验中一个重要的参数，它直接影响最终公式的精确度，因此，讨论接触角的取值具有十分重要的意义[4]。

接触角基本理论描述的是接触角和三个界面张力之间的联系，是 Young 在1805 年提出的 Young 方程[4]。接触角是在气液固三相交界处，γ_{s1} 与 γ_1 之间的夹角。当达到平衡时，有 $\gamma_s=\gamma_{s1}+\gamma_1\cos\theta$。

图 5.5.2 为液滴撞击到固体上达到平衡时的两种形态。

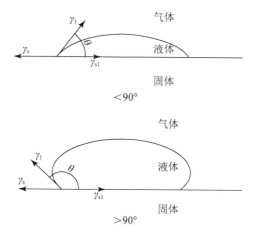

图 5.5.2　液滴撞击到固体上达到平衡时的两种形态

根据接触线是否移动，可将接触角分为静态接触角和动态接触角，实际上 Young 通过其理论定义的接触角为静态接触角。

被润湿的固体表面存在气液固同时接触的界面，称为三相接触线。当三相接触线静止时，即停止润湿时，所测得的接触角成为静态接触角。当三相接触线移动时测得的接触角称为动态接触角。动态接触角随接触线的移动速度变化而变化[5]。

接触角的选择有两种情况。当液体完全润湿基底表面时，接触角为 0°；当液体没有完全润湿固体表面，也就是液体下落后撞击在固体表面形成液滴时，接触角为非零[6]。

在理想情况下，当气体层将扩散的液体与基底分离时，液滴扩散的边缘曲线满足 Young 方程，此时基于该方程可知，γ_{s1} 与 γ_1 之间的夹角为 π，故可知接触角 θ 的准确值为 π。Collings 模型中，在真空条件下做的试验，表面干净、光滑、不易溶解，符合理想条件，故此时接触角的取值为 π。

三、Collings 模型的试验数据验证

Collings 模型中，由于初始球形液滴的表面能与势能项相比通常很小，故被忽略；摩擦耗散的总能量也被忽略。但如果液滴下落过程中大量能量被耗散，或者如果测量的液滴半径小于最大半径 R_{max}，则得到的 γ_1 的值将大大高于实际值，这些忽略的条件可能影响模型公式的预测精确度。

1. Collings 模型及其试验数据对比

金属液滴密度 Q=7000kg·m^{-3}，液体与蒸汽界面的表面张力 γ_1=1.5J·m^{-2}，初始直径 $D=L$=2mm，且 $v^2=2gh$，下落高度 h=0.5m，代入韦伯数公式计算可得：

$$We = \frac{Qv^2L}{\gamma_1} \approx 91.47 = 92$$

将韦伯数 We=92，接触角 θ=π 代入模型公式

$$\beta_{max} = \sqrt{\frac{We}{3(1-\cos\theta)}} = 3.916$$

文献 [4] 中实际的试验值 $\beta_{max} = \dfrac{D_{max}}{D} = \dfrac{16}{2} = 8$。比较计算值与实际值可知，偏差率

$$e = \frac{\beta_{max试验} - \beta_{max实际}}{\beta_{max试验}} = 51.05\%$$

2. 液滴撞击水平壁面的最大铺展因数试验数据 [8-21]

为了研究 Collings 模型的泛化能力，采用公式（4）对文献 [7] 的试验数据进行对比，模型的预测结果及偏差率见表 5.5.1。

表 5.5.1 不同参数试验数据对比分析

液滴 / 壁面	液滴直径 / mm	碰撞速度 / （m/s）	韦伯数 We	雷诺数 Re	最大铺展直径系数 β_{max}		偏差率 /%	文献来源
					计算值	试验值		
荣油 / 不锈钢	2.38	0.67	23	564	1.96	2.62	−25.27%	[8]
柴油 / 不锈钢	2.38	1.49	115	1255	4.38	3	45.93%	[8]
柴油 / 不锈钢	2.7	1.49	130	1420	4.65	3.3	41.05%	[8]
甘油 / 不锈钢	2.6	1.49	112	41	4.32	1.16	272.46%	[8]
水 / 不锈钢	2.7	1.49	82	3995	3.70	2.9	27.48%	[8]
无水乙醇 / 陶瓷	1.66	0.54	17.32	636	1.70	2.44	−30.236%	[9]
无水乙醇 / 陶瓷	1.66	0.87	44.45	1018	2.72	3.65	−25.43%	[9]
无水乙醇 / 陶瓷	1.66	1.19	83.99	1400	3.74	4.35	−13.99%	[9]
无水乙醇 / 陶瓷	1.66	1.59	150.39	1873	5.01	4.88	2.59%	[9]
水 / 石蜡板	2.64	0.56	11	1471	1.35	1.7	−20.35%	[10]
水 / 石蜡板	2.64	1.94	136	5096	4.76	3.35	42.12%	[10]
水 / 石蜡板	2.64	2.14	166	5621	5.26	3.37	56.08%	[10]
水 / 石蜡板	2.64	3.17	364	8327	7.79	3.83	103.37%	[10]
甘油 / 铝板	3.26	1.78	200	61	5.77	1.41	309.47%	[11]
甘油 / 铝板	3.26	2.28	327	78	7.38	1.55	376.28%	[11]
甘油 / 铝板	3.26	2.7	458	93	8.74	1.61	442.66%	[11]
水 / 玻璃	1.56	1.3	36	2014	2.45	2.06	18.91%	[12]
水 / 玻璃	2.64	1.3	61	3395	3.19	2.57	24.07%	[12]
水 / 玻璃	3.46	1.3	80	4467	3.65	2.66	37.27%	[12]
水 / 玻璃	2.26	0.94	27	2100	2.12	2.68	−20.85%	[13]
水 / 玻璃	2.26	1.37	58	3061	3.11	2.86	8.71%	[13]
水 / 玻璃	2.26	1.64	83	3664	3.72	3.16	17.70%	[13]
水 / 不锈钢	2.26	0.94	27	2100	212	2.31	−8.17%	[13]

续表

液滴 / 壁面	液滴直径 / mm	碰撞速度 / (m/s)	韦伯数 We	雷诺数 Re	最大铺展直径系数 β_{max}		偏差率 /%	文献来源
					计算值	试验值		
水 / 不锈钢	2.26	1.37	58	3061	3.11	2.77	12.24%	[13]
水 / 不锈钢	2.26	1.64	83	3664	3.72	2.86	30.05%	[13]
水 / 铝板	2.26	0.94	27	2100	212	2.26	−6.14%	[13]
水 / 铝板	2.26	1.37	58	3061	3.11	2.75	13.06%	[13]
水 / 铝板	2.26	1.64	83	3664	3.72	3	23.98%	[13]
水 /PVC 板	5	1.13	88	5611	3.83	2.92	31.15%	[14]
水 /PVC 板	5	2.24	344	11122	7.57	4.19	80.71%	[14]
水 /PVC 板	5	4.37	1310	21698	14.78	5.79	155.20%	[14]
农药 / 枸杞叶	2.4	1.98	246	4469	6.40	3.33	92.29%	[15]
农药 / 枸杞叶	2.4	28	492	6320	9.06	3.33	171.93%	[15]
农药 / 枸杞叶	2.6	243	400	5929	8.16	2.69	203.53%	[15]
农药 / 枸杞叶	2.2	243	338	5017	751	2.27	230.64%	[15]
NaCl 溶液（200g/l）/ 不锈钢	2.5	0.99	83	1798	2.35	1.99	17.85%	[16]
NaCl 溶液（200g/l）/ 不锈钢	2.5	1.4	67	2543	3.34	2.75	21.51%	[16]
NaCl 溶液（50g/l）/ 不锈钢	2.5	0.99	33	2392	2.35	2.13	10.10%	[16]
水 / 不锈钢	2.5	0.99	34	2458	2.38	2.28	4.41%	[16]
水 / 不锈钢	2.5	1.4	67	3476	3.34	2.75	21.51%	[16]
水 / 不锈钢	2.5	1.71	100	4245	4.08	3.13	30.43%	[16]
水 /PMMA	2.26	1.23	47	2741	280	2.5	11.95%	[17]
庚烷 / 不锈钢	1.5	0.93	43	2300	2.68	4	−33.07%	[18]
水 / 玻璃	0.62	261	59	2084	3.14	3.47	−9.63%	[18]
水 / 玻璃	0.78	3.29	118	3298	4.43	4.07	8.96%	[18]
水 / 玻璃	0.88	3.71	171	4258	5.34	4.2	27.11%	[18]
水 / 玻璃	0.98	4	219	5057	6.04	4.3	40.50%	[18]
水 / 蜂蜡	0.88	3.71	171	4258	5.34	3.45	54.74%	[18]

续表

液滴 / 壁面	液滴直径 / mm	碰撞速度 / (m/s)	韦伯数 We	雷诺数 Re	最大铺展直径系数 β_{max}		偏差率 /%	文献来源
					计算值	试验值		
水 / 蜂蜡	1.06	4.28	271	5833	6.72	3.91	71.88%	[18]
水 / 乙酸纤维素	0.62	2.61	59	2084	3.14	3.15	−0.45%	[18]
水 / 乙酸纤维素	0.78	3.29	118	3298	4.43	3.56	24.57%	[18]
水 / 乙酸纤维素	1.06	4.28	271	5833	6.72	4.24	58.51%	[18]
水 / 铝板	3	0.5	26	213	2.08	2.2	−5.38%	[19]
石蜡 / 铝板	3	1	102	427	4.12	2.5	64.92%	[20]
石蜡 / 铝板	3	1.5	230	641	6.19	2.6	138.13%	[20]
石蜡 / 铝板	3	2.5	641	1067	10.34	3	244.53%	[20]
水（SDS 100 ppm）/ 不锈钢	2.02	1	27	2112	2.12	2.16	−1.79%	[21]
水（SDS 1000 ppm）/ 不锈钢	2.08	1	28	2112	2.16	2.62	−17.55%	[21]
水 / 不锈钢	2.06	1	27	2112	2.12	2.15	−1.33%	[21]
水 / 蜂蜡	0.62	2.61	59	2084	3.14	2.65	18.33%	[21]

分析上述各组数据可知，液滴最大铺展直径因数受诸多因素的影响，如液滴的表面张力、初始直径、撞击速度、接触角等。

综合分析表 5.5.1 数据，Collings 模型公式 $\beta_{max} = \sqrt{\dfrac{We}{3(1-\cos\theta)}}$ 在水 / 玻璃[12-13]、水 / 不锈钢[13,16,21]、水 / 铝板[13]、水 /PMMA[17]、NaCL 溶液 / 不锈钢[16]、水 / 蜂蜡[21] 这几组数据中计算的结果较为精确。从这几组数据可知，Collings 模型公式 $\beta_{max} = \sqrt{\dfrac{We}{3(1-\cos\theta)}}$ 的适用条件如下：

（1）液滴直径较小；

（2）撞击速度较慢时；

（3）液滴的韦伯数介于 [15,115]；

（4）雷诺数远大于韦伯数。

分析表 5.5.1 数据可知，Collings 模型公式并不适用于所有情况，以下两种情况，Collings 模型公式对最大铺展直径因数的预测精度较低。

（1）甘油 / 铝板 [11] 中由于甘油黏度约为水黏度的 116 倍，故甘油的雷诺数远小于水，在甘油液滴的铺展过程中，黏性力占主导地位，属于层流状态，而水液滴的铺展中惯性力占主导地位，属于紊流状态。因此，Collings 模型公式 $\beta_{\max}=\sqrt{\dfrac{We}{3(1-\cos\theta)}}$ 对甘油的最大铺展直径因数的预测精度较低。

（2）农药 / 枸杞叶 [15] 中农药为稀释 800 倍的 4.5% 高效氯氰菊酯乳油剂。试验中为使乳液稳定，提高药效，将 4.5% 高效氯氰菊酯乳油剂加水稀释 800 倍，故液滴表面张力降低到 36mN/m，从而导致液滴的韦伯数增大，雷诺数与韦伯数的比值过小，故 Collings 模型公式对农药最大铺展直径因数的预测精度较低。

四、结语

基于能量平衡关系式对 Collings 模型公式进行了理论推导，总结出了最大铺展直径因数与韦伯数、液滴 / 承印物表面形成的接触角的关系式，对其代入试验数据进行验证，并总结分析出其适用范围：液滴直径较小、撞击速度较慢、液滴的韦伯数介于 [15,115]、雷诺数远大于韦伯数的情况下，Collings 模型预测精度较好。其他条件下，需要考虑雷诺数等更多的液体物性参数才能准确表征液滴的铺展行为；同时，对液滴撞击铺展最大直径因数的深入研究，为今后开展微液滴斜面、曲面铺展特性研究奠定了理论基础。

参考文献

[1] 王茜，王琪 . 基于网点的喷墨印刷质量评价体系研究 [J]. 包装工程 , 2015, 36（21）: 115-121.

[2] 杨群 . 数码印刷纸张性能对印刷质量控制影响的研究 [D]. 株洲：湖南工业大学 , 2017.

[3] 林定武 . 数码印刷电子液体油墨印刷性能的研究 [D]. 西安：西安理工大学 , 2008.

[4] COLLINGS E W, MARKWORTH A J, MCCOY J K, et al. Splat-quench Solidification of Freely Falling Liquid-metal Drops by Impact on a Planar Substrate[J]. Journal of Materials Science, 1990, 25（8）: 3677-3682.

[5] 陆军军 . 液滴撞击过程的实验研究 [D]. 上海：华东理工大学 , 2008.

[6] 丁晓峰，管蓉，陈沛智 . 接触角测量技术的最新进展 [J]. 理化检验（物理分册）, 2008（2）: 84-89.

[7] 温原，陈叶茹，唐宇航 . 液滴碰撞水平壁面的最大铺展系数 [J]. 力学研究 , 2019, 8（1）: 1-12.

[8] ROISMAN, ILIA V. Inertia Dominated Drop Collisions. II. An Analytical Solution of the Navier-Stokes Equations for a Spreading Viscous Film[J]. Physics of Fluids, 2009, 21(5):296.

[9] 石庆杰. 微墨滴撞击光滑陶瓷曲面的铺展研究 [D]. 北京：北京印刷学院, 2019.

[10]周龙玉. 液滴碰撞试验与数值研究 [D]. 哈尔滨：哈尔滨工程大学, 2013.

[11]毕菲菲，郭亚丽，沈胜强，等. 液滴撞击固体表面铺展特性的实验研究 [J]. 物理学报，2012, 61(18):295-300.

[12]杨宝海，朱恂，王宏，等. 不同直径液滴撞击亲水壁面动态特性实验研究 [J]. 工程热物理学报, 2014, 35(1):91-94.

[13]张帆，陈凤，薄涵亮. 不同亲疏水表面液滴动力学行为实验研究 [J]. 原子能科学技术，2015, 49(1):288-293.

[14]崔洁，陆军军，陈雪莉. 液滴高速撞击固体板面过程的研究 [J]. 化学反应工程与工艺，2008, 24(5):390-394.

[15]谢亚星，慕松，陈星名. 液滴撞击枸杞叶片铺展特性实验研究与仿真分析 [J]. 中国农机化学报, 2017, 38(9):70-74.

[16]郭亚丽，陈桂影，沈胜强，等. 盐水液滴撞击固体壁面接触特性实验研究 [J]. 工程热物理学报, 2015, 36(7):1547-1552.

[17]李长宁，夏振炎，李建军，等. 液滴撞击有机玻璃固壁的实验和数值研究 [J]. 工程塑料应用, 2014, 42(3):39-43.

[18]FORD R E, FURMIDGE C G L. Impact and Spreading of Spray Drops on Foliar Surfaces. Society of Chemical Industry, London, 1967, 417-432.

[19]CHANDRA S, AVEDISIAN C T. On the Collision of a Droplet with a Solid Surface[C]. Proceedings: Mathematical and Physical Sciences, 1991, 432, 13-41.

[20]BHOLA R, CHANDRA S. Freezing of Droplets Colliding with a Cold Surface[J]. ASME HTD, Vol. 1995, 306, 181.

[21]PASANDIDEH-FARD M, QIAO Y M and CHANDRA S. Capillary Effects during Droplet Impact on a Solid Surface[J]. Physics of Fluids, 1996, 8(3):650-659.

5.6　虚拟拆装技术应用现状 ①

本文论述的虚拟拆装技术包括虚拟拆卸技术和虚拟装配技术两个方面，基于虚拟现实的虚拟拆装技术在新产品开发、产品的维护以及操作培训方面具有独特的作用。在交互式虚拟拆装环境中，用户使用各类交互设备（数据手套 / 位置跟踪器、鼠标 / 键盘、力反馈操作设备等）对产品的零部件进行各类拆装操作，系统提供实时的碰撞检测、拆装约束处理、拆装路径与序列处理等功能，从而使得用户能够对产品的可拆装性进行分析、对产品零部件拆装序列进行验证和规划、对操作人员进行培训等。拆装结束后，系统能够记录拆装过程的所有信息，并生成评审报告、视频录像等供随后的分析使用。

虚拟拆装技术涉及的关键技术大致有 3 类：仿真与可视化、产品建模、约束定位、碰撞检测、路径规划等，这类技术目前基本成熟；公差质量分析、工装夹具设计、工艺规划、人机交互等，这类技术目前初步成熟；过程控制与优化、产品设计改进、人机功效分析、拆装知识与智能等，这类技术目前还不成熟，在工业实际中未获得应用。

通过建立产品数字化模型，虚拟拆装技术在计算机上创建近乎实际的虚拟环境，可以用虚拟产品代替传统设计中的物理样机，能够方便地对产品的拆装过程进行模拟与分析，预估产品的拆装性能，及早发现潜在的拆装冲突与缺陷，并将这些拆装信息反馈给设计人员。采用该技术可大大缩短产品的开发周期，降低生产成本，提高产品在市场中的竞争力。

一、国内外虚拟拆装技术研究现状

1. 国外虚拟拆装技术研究现状

国外对虚拟拆装技术的研究起步于 20 世纪 90 年代中期，由于政府及工业界

---

① 此文刊载于《北京印刷学院学报》2010 年 8 月，作者：张斌、齐元胜、王晓华、李佳佳。

对其支持力度比较大，加之研究的基础条件比较好，因此，其发展势头相当迅猛。

美国威斯康星大学的 I-Carve 实验室专门针对维修拆卸开发了"虚拟拆卸"软件工具，其功能包括拆卸顺序的选择、优化、拆卸过程分析，拆卸操作时间预计、拆卸便利性评定，同时还可以对产品设计进行分析，并提出设计个性建议[1]。Gadh 等在虚拟拆卸方面做了大量研究。在产品再生、回用以及维护过程中经常涉及选择性拆卸问题，即从 n 个零部件中拆卸 s 个给定的零部件并要求这一过程中零部件移动最少[2]。Gadh 等采用波传播方法自动确定零件的拆卸顺序，提出了一个计算复杂度为 O（sn2）的算法。后来，他们对基于 Internet 的协同产品装配虚拟原型进行了研究，开发了一个集成的协同产品装配设计工具 cPAD，设计者通过在 Internet 上发布指令，即可与其他设计者协同进行可视化产品装配设计。不过，他们的研究仍然采用传统的人机交互方式而没有采用多模式的人机交互方式，因此，并不能把虚拟现实技术与网络协同装配进行有机结合。目前，Gadh 等人已经中断了这方面的研究[3]。

德国 BMW 公司把虚拟现实作为装配和维护过程中的验证手段进行了研究[4]。他们提出了一个包括场景图层、脚本层和应用层的三层结构框架，并在虚拟现实系统 Virtual Design II 上实现。该系统提供了两种"捕捉"（Snapping）范型：当使用者放下零部件时，如果零部件距离最终位置足够近，则自动装配到位；如果正在使用的工具距离零部件足够近，则该工具被约束到零部件上。他们通过 BMW5 系轿车尾灯的拆卸过程和车门的装配过程验证了该系统，同时，对 VR 系统与已有系统的集成问题进行了研究[4]。

德国 Bielefeld 大学人工智能与虚拟现实实验室将虚拟现实交互技术与人工智能技术相结合，基于构造工具箱（construction kits）的概念建立了一个虚拟装配系统 CODY Virtual Constructor[4]。所谓构造工具箱，是指在制造领域中可重复使用的、具有多重功能的标准零部件结构库。CODY 是一个基于知识的、三维交互式虚拟装配系统，它允许设计者在虚拟环境中通过直接三维操作或简单的自然语言命令与系统交互。他们建立了面向装配的知识表达语言 COAR（Concepts for Object Assemblies and Roles）及基于 COAR 的知识推理方法。COAR 用于创建并维护虚拟场景的一个动态模型。CODY 主要的处理对象为标准化的可重用零件，利用标准的零件构造复杂的装配体。

英国 Heriot-Watt 大学机械与化学工程系虚拟制造研究组早在 1997 年就开发了一个虚拟装配规划系统 UVAVU（Unbelievable Vehicle for Assembling Virtual Units）[5]。该系统最大的特色在于提供了一种提取装配知识的方法。比较熟练的装配者在虚拟环境下装配产品模型时系统可以记录他们的活动，从而获取其装配意图并提取知识。2002 年，在 UVAVU 的基础上，针对现代产品设计过程中存在的管路和线缆装配的难题，他们开发了基于虚拟现实的管线设计与规划系统 CHDP（Cable Harness Design and Planning）[6]。该系统充分利用了虚拟现实人机交互的特点，设计者在虚拟环境中可以充分发挥已有的装配经验和知识，根据周围环境快速、直观地布线，如图 5.6.1 所示。

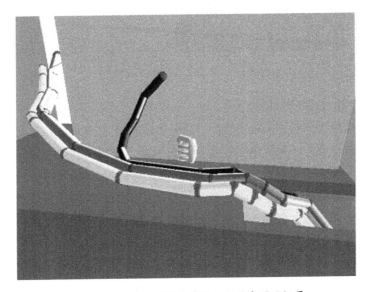

图 5.6.1　CHDP 系统中管道和线缆布置的场景

加拿大 Windsor 大学 Yuan 等在虚拟装配中引入仿生智能，使用仿生神经网络进行装配序列规划，最终生成机器人指令，并进行评价和优化 [7]。

希腊 Patras 大学制造系统实验室 Chryssolouris G 等开发了虚拟装配工作单元，嵌入了人机工程学模型以及分析功能 [8]。

日本的 N.Abe 等开发了机械零件装配性验证和装配机器可视化系统，系统支持设计者在虚拟环境中进行装配分析和性能评估，初学者在装配机器时可进行系统的操作训练 [9]，如图 5.6.2 所示。

图 5.6.2　实验者在进行装配操作

2. 国内虚拟拆装技术研究现状

国内对虚拟拆装技术的研究起步于 20 世纪 90 年代末期，发展速度比较快，取得了不少研究成果，并提出了许多有价值的新理论和新方法。

北京航空航天大学虚拟现实技术与系统国家重点实验室是国内较早进行 VR 研究且最有权威的单位之一，他们在虚拟环境、虚拟装配与虚拟原型机等方面开展了研究，研究工作主要集中在虚拟原型机及虚拟装配的技术基础、技术难点分析等方面，并在 VR 视觉接口方面获得了一部分研究成果。

浙江大学计算机系范菁、董金祥等将人工智能技术与虚拟装配技术相结合开发了 KVAS 系统（Knowledge-based Virtual Assembly System），在该系统中构造了一个知识库作为信息中心，把形式化后的专家知识存放到该知识库中，在虚拟装配过程中，可以利用知识库中的知识指导用户进行装配，同时通过对装配规划过程的学习，可以不断更新知识库的知识。在装配过程中，系统首先对待装配的零部件根据装配难度进行分类，设计者仅对复杂零件进行交互装配，而简单的零部件则利用专家知识由系统自动进行装配规划 [5]。

海军工程大学船舶与动力学院开发了一套基于 VC++ 和 OpenGL 的大型机械装置虚拟教学训练系统[10]，提出了一种桌面式虚拟仿真训练教学系统的开发方案，详细介绍了该系统的结构设计和实现途径；利用 I-DEAS 建立了机械仿真三维实体几何模型，经格式转换、多边形删减和接口编程解决了机械 CAD 实体模型向视觉仿真表面模型的转换并被系统读入的问题；直接利用底层图形语言 OpenGL

对场景进行实时驱动和人机交互控制，实现了虚拟拆卸功能，并加入了基于最优拆卸序列的拆卸模式；联合 OpenGL 和 VC++ 编程实现了机械机构的运动仿真和交互式浏览；提出了通过建立装配约束关系来简化对虚拟拆装中碰撞检测的编程实现。

综上所述，国外针对虚拟拆装技术的研究远远早于国内，并取得了显著成果，在各行业得到了广泛应用；国内研究就相对落后，发展时间较短，技术不够成熟，而且针对性不足，相关技术没有转化到相关产业中去，还没有取得应有的经济效益，所以没有引起足够的重视，投入不足。

二、虚拟拆装技术的优缺点分析

基于虚拟拆装技术的虚拟拆装系统相对于真实拆装系统具有以下优点。

（1）提高设计效率。德国 BMW 公司的 Virtual Process Week 体系[11]，利用虚拟现实技术对汽车装配流程和合理性加以测试。这样，在设计过程中，能及时发现设计的缺陷，并及时修改，最大限度地减少废品，降低设计和制造成本，大大缩短产品的开发周期。

（2）教学和虚拟拆装培训。大连理工大学开发了一套模具拆装三维仿真实训平台。实训平台采用 Virtools 虚拟现实技术构建，学生可以在该平台上利用虚拟工具，自由地虚拟装配出一套完整的模具。可以自由放大、缩小、平移、旋转零件及其组合，可自由选择工具，实现任意角度观察与安装，具有很强的真实感。它减少了在教学和拆装培训中人员及设备的使用，提高了企业的经济效益。现场拆装，至少需要三四名技术人员，同时，还需要各种设备；虚拟拆装每人只需配备一台计算机即可，节省了空间资源。而真实拆装现场满地都是拆下来的螺栓、螺母，还有滚筒、连杆、凸轮等，虽说是摆放整齐，但却浪费了地面资源。虚拟拆装则不存在这一问题，虚拟拆装更直观，便于整体掌握。虚拟拆装会使我们在视觉上有一个全新的感受，直观明了是它的特点，相比真实拆装，它更便于我们整体把握拆装工艺。

（3）开发维护简单，投资少，成本低。传统拆装系统往往需要配备大量实物和拆装工具，还要定期维护和维修，需要花费大量的人力、物力。而虚拟拆装系统在硬件上只需要一台服务器，以及一些输入、输出设备；软件上则只需要开发服务器端的系统，使基础投资大为减少。

然而，作为新兴技术，虚拟拆装技术也存在着一些问题，主要有以下几方面：

（1）建模仿真方面。虚拟拆装技术在工业领域应用的成功程度取决于它对真实世界模拟的仿真程度。目前的虚拟装配系统都以理想的零件模型为基础，没有考虑具体的加工和拆装环境对零件形状精度和尺寸误差的影响，导致实际生产出来的零件装配不上（无法拆卸）或装配性能不能满足要求。实际加工中，由于机床、刀具和残余应力等因素的影响，零件的形状精度和设计尺寸并不完全一致，拆装过程中由于环境温度、受力等因素的影响，零件也会发生弹性变形，这些因素都会对产品精度和性能产生影响。在实际产品设计与制造过程中，公差是影响装配质量的一个重要因素，如何在虚拟装配中考虑公差约束的影响是一个尚未解决的难题，也是影响虚拟装配实用化的瓶颈之一。

（2）CAD 接口没有标准化。目前各单位开发的虚拟装配系统，都是根据自己的情况来定制 CAD 接口，实现信息转换，在数据的提取和表达、信息的存储和管理等方面没有统一的标准和规范。随着在工业领域应用的逐步展开，如果没有统一的标准，必将影响虚拟装配技术的应用范围，从而阻碍其发展。现在的虚拟现实软件与硬件接口还存在很多问题，例如，EON Professional 与力反馈的相关设备问题。

（3）集成度不够。目前，国内外各大学及科研机构所研究的虚拟拆装系统大都是通过接口从商用 CAD 系统中获取产品的数字化模型和设计者的意图，这一数据转换过程比较烦琐；而且虚拟拆装仿真结果、再设计意见和建议也不能很好地反馈到 CAD 系统中。这两方面大大影响了虚拟拆装功能的发挥，阻碍了虚拟拆装技术的发展。

（4）虚拟现实技术作为虚拟拆装技术的根本，在触觉表现技术方面还有待发展，在力反馈方面还有待提高，力反馈与实际情况有较大区别，只能模拟一些较为简单的力。此外，虚拟现实技术在视觉表现、听觉表现、嗅觉表现等方面也需要发展。

三、结语

虚拟拆装技术作为虚拟现实技术在设计与制造领域的重要应用，具有重要的理论意义和实用价值。近年来，国内外学者对此进行了大量研究，并取得了很大进展，某些虚拟拆装系统已经开始初步应用。但总的来说，虚拟拆装技术目前并不成熟，在工业界的实用化程度也不高，一些关键技术还亟待解决。因此，虚拟拆装技术还有很长的路要走，主要体现在以下几个方面。

1. 工具化与智能化并重

拆装知识难以完全形式化，完全靠计算机实现自动拆装规划还有很多困难。因此，当前主要是在虚拟环境下通过人机交互，拆装规划人员同时可以根据需要查询拆装知识库并获得相关拆装知识，仿真产品的实际拆装过程，系统对拆装的过程和历史信息进行记录，形成初始的拆装顺序和拆装路径。拆装过程中，拆装知识的有效提取与利用可以大大提高拆装效率，减少拆装过程中的误操作。基于知识的人机交互智能化拆装是一个比较好的选择。工具化与智能化并重的拆装设计环境既能够发挥人的特长，充分利用人的创造性，又能够充分利用形式化的专家知识以及计算机能力，实现人机协同工作。因此，工具化与智能化并重在相当长的一个时期内将是虚拟拆装的发展方向。

2. 网络协同化

并行工程与协同设计思想已经渗透到制造业的各个层面，制造业全球化的进程正在加速发展，如何使地理上分布于世界各地的设计、工艺以及制造人员参与到同一产品拆装设计及验证过程中来，是虚拟拆装技术需要解决的问题。因此，建立基于 Internet 的协同虚拟拆装环境也是虚拟拆装技术的发展方向之一。

3. 由手工拆装过程仿真向生产线拆装过程仿真发展

当前，大多数拆装装配系统的研究仅停留在仿真实际生产中的手工拆装过程，而对于生产线的拆装过程研究不够。生产线拆装过程与手工拆装过程之间往往存在着很大差异，因此，由手工拆装过程仿真过渡到生产线拆装过程仿真将是虚拟拆装的发展方向之一。

参考文献

[1] 李湖珍. 基于虚拟现实的设备拆装技术的研究与实现 [D]. 武汉：华中科技大学, 2006.

[2] R Gadh, HSrinivasan, NShyamsundar, et al. Virtual disassem-bly-A software tool for developing product dismantling and main-tenance system[C]//In：Proceedings of IEEE. Annual Reliability and Maintainability Symposium. California：Anaheim, 1998：120-125.

[3] 宁汝新，郑轶. 虚拟装配技术的研究进展及发展趋势分析 [J]. 中国机械工程, 2005, 16（15）：1398-1404.

[4] Gomes A, Zachmann G. Virtual Reality as a Tool for Verificationof Assembly and Maintenance Processes[J]. Computer and Graphics, 1999（23）：389-403.

[5] 郑轶. 虚拟装配关键技术及其发展 [J]. 系统仿真学报, 2006, 18（3）：649-654.

[6] 夏平均. 虚拟装配技术的研究综述 [J]. 系统仿真学报, 2009, 21（8）: 2267-2272.

[7] Yuan X B, Yang S X. Virtual Assembly with Biologically InspiredIntelligence[C] // IEEE Transactions on Systems, Man and Cy-bernetics-Part C: Applications and Reviews, 2003, 33（2）: 159-167.

[8] Chryssolouris G, Mavrikios Dimitris, FragosD, et al. A VirtualReality-based Experimentation Environment for the Verification ofHuman-related Factors in Assembly Processes[J]. Robotics andComputer Integrated Manufacturing, 2000（16）: 267-276.

[9] B Jung, M Latoschik, I Wachsmuth. Knowledge-based assemblysimulation for virtual prototype modeling[C] // IEEE Industrial Electronics Society, 1998, 12（2）: 1-6.

[10] 贺少华, 吴新跃. 基于 VC++ 和 OpenGL 的大型机械装置虚拟教学训练系统的开发 [J]. 系统仿真学报, 2009, 21（4）: 1059-1062.

[11] Gradl Reinhard. Virtual process week in the experimental vehi-cle build at BMW AG[J]. Robotics and Computer Integrated Manufacturing, 2001, 17（2）: 101-106.

5.7 国产预涂覆膜机上料卷装置的自动化改造 ①

覆膜又称"贴膜"或"过塑"，属于印后加工的主要工艺之一，广泛应用于书刊封面、明信片、画册、纪念册、产品说明书、地图和挂历等印刷品表面的装帧及保护。覆膜的过程是将塑料薄膜涂上黏合剂，与纸质印刷品经加热、加压后黏合在一起，形成纸塑合一产品的加工技术。覆膜后的印刷品表面会形成 $10 \sim 20\mu m$ 的薄膜，能起到增加印品光泽和保护印品的作用。目前国产覆膜机与国外同行在各方面的技术差距正逐步缩小，但细节技术仍有很大的改进空间 [1]。预涂覆膜机上料卷装置的自动化改造就是诸多改进设计中典型的示例。

一、当前我国预涂覆膜机上料卷装置结构特点

预涂覆膜机操作程序主要有开机准备、加温、上料卷、整理纸张、调规矩、切边、穿膜、调膜、加压和收卷等步骤，其中的上料卷操作就是把预涂膜料卷安装到送料轴适当的位置上固定。当前国产预涂覆膜机的上料操作都是靠人工把膜料卷抬升到 1.8 米左右的高度，再将料卷横向装入料轴上。料卷的预涂膜结构由基材和胶层构成，基材通常为 BOPP（双向拉伸聚丙烯薄膜）和 PET（聚酯薄膜），预涂膜基材厚度为 $10 \sim 20\mu m$，胶层厚度为 $5 \sim 15\mu m$[2]。1200 型覆膜机料卷的外形尺寸通常最大宽度 $1120\mu m$，最大直径 $406\mu m$，重量一般在 130kg 左右。如此大的体积和重量无疑增大了上料的劳动强度，也会影响到料卷的工作效果和安装效率。

针对国产预涂覆膜机上料环节操作笨重的弊端，通过研究和改进，实施上料卷装置的机电一体化技术改造，最终实现能够完成自动上料卷的工艺流程。该装置可以完成自动升降动作，有效减轻人工劳动强度，提高上料卷的工作效率和首次上料成功率。

---

① 此文刊载于《科技信息》2012 年第 35 期，作者：张强、赵世英、齐元胜。

二、预涂覆膜机自动上料卷装置改造方法

1200 型预涂覆膜机自动上料卷装置的改进方案：在原有的墙板上增加一根滚珠丝杠，通过电机带动丝杠，将丝杠螺母上下移动，丝杠螺母与料卷轴上的滑块相连接，来实现料卷的抬升动作。

运用 solidworks 软件辅助设计过程中，我们发现在料卷上升的时候，整个料卷及轴是由丝杠独自承受整个重力来抬升，就像单臂梁一样，丝杆将会承受很大的弯矩[3]。为了避免丝杠弯曲，采用加一根光轴作为辅助，这样丝杠与光轴同时承受了料卷及轴带来的弯矩，使得料卷在抬升的过程中，不会因为受到丝杠变形而带来的精度不准，传动受阻等附加的影响。光轴的两端用光轴支座固定，与气涨轴相连接的滑动块之间的配合则以一个直线轴承保持上下滑动。在料卷上升的过程中，为避免与其他装置发生干涉，把固定轴改成可以水平展开的活动轴。这样料卷轴展开后再上升，就可以巧妙地避开行程中的其他装置。

自动上料卷装置的电控装置包括控制面板、单片机系统、电机驱动器、电机、开关电源等。首先通过手动按钮给单片机传递信号，结合 1200 型预涂覆膜机自动上料卷装置的程序，将信号传给电机驱动器，然后驱动器传出正反转命令及电机工作的时间来确定料卷上升及下降的位置。下面结合图 5.7.1 讲解上料卷装置的操作及运行过程：手动旋开锁轴手轮 1，手动水平展开料卷气涨轴 2，按动控制面板 4 中的下降按钮，传递给电控装置驱动电机 6 转动，丝杠 5 带动丝杠螺母

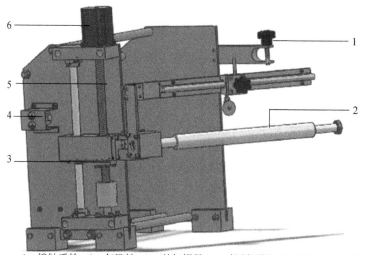

1—锁轴手轮；2—气涨轴；3—丝杠螺母；4—控制面板；5—丝杠；6—电机

图 5.7.1　预涂覆膜机自动上料卷装置结构

3 及料卷下降到设定好的位置后，给气涨轴 2 泄气，取出料卷筒，装上新料卷，按动控制面板 4 中的上升按钮，传递给电控装置驱动电机 6 转动，丝杠 5 带动丝杠螺母 3 及料卷上升到达设定好的位置，水平合并料卷气涨轴 2，拧紧锁轴手轮 1，给气涨轴 2 充气固定好料卷筒。

三、结束语

1200 型预涂覆膜机的上料卷装置工作方式经过机电一体化改造之后，从应用效果来看，有效减少了上料辅助时间，大大减轻了工人劳动强度。诸如此类技术细节方面的提升，为国产预涂覆膜机能够被潜在用户接受和认可，对于扩大国内市场的占有率有着非常积极的意义。

参考文献

[1] 郭俊忠．基于 ADAMS 的覆膜机输送机构优化设计 [J]. 北京印刷学院学报，2008, 16(6)：50-51.

[2] 林粤科．自动覆膜机自动控制系统 [J]. 机床与液压，2001(4)：60-61.

[3] 申永胜．机械原理教程 [M]. 2 版．北京：清华大学出版社，2005.

5.8 模切机墙板变形分析及优化 ①

随着现代科技的高速发展，自动平压平模切机也向高速度、高精度、高效率发展。国外模切机的整机性能和模切速度都在不断改善、提高，瑞士博斯特（BOBST）公司的自动模切压痕机最高速度可达 12000 张 / 小时，模切精度达 0.1mm；韩国、日本等厂商生产的自动模切机速度达到 7500 张 / 小时；德国 JAGENB R EG 公司的自动模切机最高速度可达 9000 张 / 小时 [1]。与国外先进水平相比，国内模切机在性能和可靠性方面存在较大差距，模切速度通常为 7000 张 / 小时，模切精度在 0.15 ～ 0.25mm，随着速度的提高，模切精度会下降，且噪声增大、机器磨损严重。因此，如何解决模切速度与模切精度之间的矛盾，减小由于关键部件的局部应力达不到工艺要求而导致的结构缺陷和应力集中问题，是我国自动平压平模切机设计制造商需要攻关的课题。模切机的主机墙板是自动平压平模切机的核心部分，其机械性能对模切机的工作能力和模切质量起着至关重要的作用。本文以瑞可达某型号自动平压平模切机为研究对象（其最大模切幅面为 1020mm×710mm），采用三维建模和有限元分析相结合的方法，通过 SolidWorks 软件对模切机主机墙板关键部分建立三维模型，将建好的模型导入 ANSYS 分析软件中，在不考虑摩擦等非线性因素的情况下对机构进行受力分析，从而导出形象而直观的应力和应变等值线图，确定最大变形量和墙板应力集中区域，并在此基础上提出墙板结构优化方案。

一、模切压力的计算与分析

1. 模切压力的计算

模切过程（暂不考虑压痕）就是一个物理的剪切过程。被模切材料的剪切屈服强度就是模切过程的负载即模切压力。模切压力可通过式（1）[2] 进行理论计算。

---

① 此文刊载于《北京印刷学院学报》2015 年第 4 期，作者：秦志成、齐元胜、李昱、赵涛春。

$$F=K\sigma_s A \tag{1}$$

式中，F 为模切所需总压力；σ_s 为模压中单位面积剪切强度值，其参考值见表 5.8.1[3]；A 为模压分离面实际面积，可根据模切材料厚度和周长来计算；K 为考虑到模压过程中的实际条件和各种技术因素影响及提高模切可靠性而增加的一个修正系数，其值为 0.76 ～ 1.34。

表 5.8.1 模切中单位面积剪切强度参考表

纸板厚度 /mm	<0.5	<1.5	<3.0	<4.5	<4.5
单位面积剪切压力值 σ_s/MPa	<140	110 ～ 130	110 ～ 120	90 ～ 100	<90

根据模切机型号和模切尺寸，模切纸板厚度为 1.4mm 左右，周长按 3400mm 计，参考表 5.8.1，σ_s 取为 130MPa，修正系数 K 取为 1.34，将各数值代入式（1），得出模切所需总压力 F_1 为 829200N。

在实际生产中，企业往往以试验法来确定模切压力的大小 [4]。即先在压力机上装上一定长度的钢刀和钢线，再放上需加工的纸板，对纸板加压，直到切断为止；然后再将测得的压力 $P10$（一般以 10 次压力试验的平均值作为计算依据）除以切口和压线的总长度 L，即可求得单位长度的平均模切力 $F=P10/L$。

本次研究过程中，先由理论公式计算出模切压力，再用试验法加以分析，最终确定模切压力值为 829200N。

2. 模切压力的分布

对全自动平压平模切机来说，模切力是由上下平台的相互挤压而产生的。也就是说，模切压力来源于构件位置干涉而产生的弹性变形。当下平台运动至上死点时，是模切力最大的时候，根据力的传递原理，模切压力将通过上平台分别传递至左右两个墙板，每个墙板承受约一半的模切压力。同时，两墙板及墙板中间的上平台在下平台运动至上死点时产生最大变形和最大应力。下面将逐步分析其变形及受力情况。

二、模切机构的有限元分析

1. 模切机模切压力的分析

模切压力产生于模切机上平台和下平台的压合过程中。当模切机工作时，动平台在双肘杆的驱动下做上下运动，动平台上升到一定高度，开始与输送过来的纸张相接触，并拖着纸张一起向上运动，当纸张和嵌于模压版中的刀具接触时，模切压力开始产生。随着模切压痕的进行，动平台将会受到工作阻力，主要有以下几个方面：①纸张对刀具的阻力；②弹性胶条对动平台的反弹性力；③模切刀具在动平台上切透纸张时因变形产生的压力；④动平台的运动惯性对上平台的冲击力。下平台克服上述几方面的阻力，与上平台进行压合，完成对印品的模切压痕工艺所需要的力即模切压力。图 5.8.1 为模切压力产生示意图。

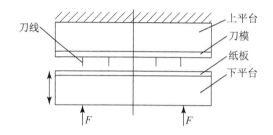

图 5.8.1 模切压力产生示意图

2. 模切机构数学模型的建立

要对模切机构进行力学特性分析，需要建立准确可靠的有限元模型 [5]。为了有效地利用计算机资源，提高计算效率，我们在 SolidWorks 中建立实体模型，然后利用 SolidWorks 的图形输出功能和 ANSYS 的图形导入功能实现两个软件的对接，具体操作步骤如下。

（1）在 SolidWorks 中建立模切机构的三维模型，模切机的零件很多，本文主要分析模切机主机墙板的受力，故只画出墙板及上平台的三维模型，建模参考尺寸见表 5.8.2，建好的三维模型如图 5.8.2 所示。

表 5.8.2 建立三维模型主要参考尺寸

部位	长度 /mm	宽度 /mm	高度（厚度）/mm
两侧墙板	1640	1360	60
左墙板开口处	790	110	60
上平台	1340	780	345

（2）将画好的三维模型保存为*.x_t 格式，启动 ANSYS，点击 File 中的 Import 选项，选择 PARA，在弹出的对话框中找到*.x_t 格式的三维模型，点击导入，此时，在 ANSYS 界面中显示的是一系列的点，在菜单栏 PlotCtrls 中可以设置显示完整的实体模型，结果如图 5.8.3 所示。

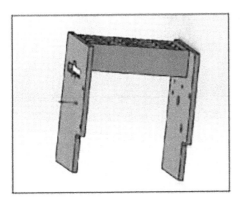

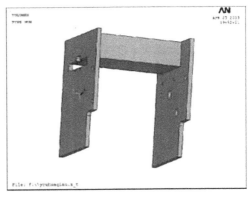

图 5.8.2　模切机墙板及上平台的数学模型　　　　图 5.8.3　导到 ANSYS 中的模型

由此，SolidWorks 中的三维模型直接传送到 ANSYS 中，从而实现了 Solid-Works 和 ANSYS 的无缝连接。

3. 有限元模型的建立

本论文研究的模切结构是实体结构，所以，选用 ANSYS 单元库所提供的三维实体有限元分析单元：Solid-Brick8node185。该单元可进行塑型、蠕变、应力硬化、大变形及大应变分析[6]。

输入建立有限元分析单元所要的材料属性，由于所用材料为 Q235 碳素结构钢，故设置弹性模量 E 为 200GPa、泊松比为 0.3、材料密度为 $7.3 \times 103 kg/m^3$。

完成实体建模后，在进行有限元建模之前需要对实体模型进行网格划分。在划分过程中，忽略了平台和墙板表面的尺寸很小的孔和突起，这对于有限元分析的结果影响不大，但却可以明显地减少有限元网格划分的工作量，提高计算机分析计算的速度。此外，墙板又分为操作面墙板和非操作面墙板，操作面墙板上面开了操作窗口和较多的孔，强度和刚度相对较低，当模切机构工作载荷较大时，机架上首先出现破坏的部分往往是操作面窗口的边缘或顶角，破坏形式一般是断裂，因此，操作面墙板开窗部分为应力敏感区域，该处网格划分时需要得到加密。通过网格划分，模型被划分为 69266 个节点、335038 个单元，网格划分后的模型就是有限元力学模型，当对某单元施加载荷时，力和位移就通过相互连接各单元的节点在各单元之间传递，划分好的模切结构有限元力学模型如图 5.8.4 所示。

4. 施加载荷及约束条件

在实际模切过程中，模切压力是以接触力的形式来体现的，其大小与动平台的运动速度、挤压的位移有关，模切机动平台的速度越高，模切压力越大，下平台与上平台间挤压位移量越大，模切压力也越大。由于接触力与动平台的运动速度、挤压位移之间

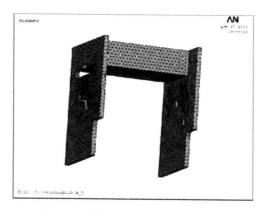

图 5.8.4 模切结构的有限元力学模型

的关系是非线性的，所以，模切压力在工作行程中不可能一直是均布载荷。考虑到在实际操作中，要经过上版—调压—试压的操作步骤，以使模切版上刀线、钢线的压力达到均匀一致才正式投入使用，对模切压力的分析可以将其最大值近似为均布载荷，而下平台在真正模切过程中的速度很小，时间较长，模切压力可近

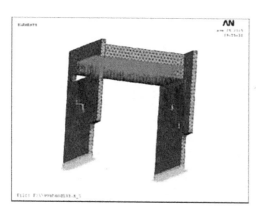

图 5.8.5 添加了载荷及约束条件的有限元模型

似认为是缓慢增加的静载荷 [7]。前文介绍了模切压力的计算，将其转换为表面力以均布载荷的方式施加于上平台的下表面。由于在分析过程中是把上平台和两侧墙板的内侧装配在一起作为整体研究，故在施加约束条件时要对两侧墙板底部的 X、Y、Z 轴方向的位移加以完全限制，即 UX、UY、UZ 全为零。添加了载荷及约束条件的有限元模型如图 5.8.5 所示。

5. 模切机构的有限元分析结果

添加载荷及约束条件后，在 ANSYS 软件中选择 CurrentLS 命令，开始求解计算，计算完成后并不能直接显示出求解结果，需要选择显示结果类型，才能得到位移、温度、应力、应变等相关结果。在 ANSYS 主菜单栏中选择 PlotResults-DeformedShape，可以查看模切机主墙板及上平台在模切压力作用下的变形情况，如图 5.8.6 所示。为了更直观、方便地看出墙板和上平台的变形情况，

找出最大变形发生的位置，可以在 ANSYS 窗口显示合位移等值线图，如图 5.8.7 所示。

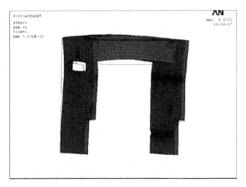
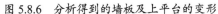
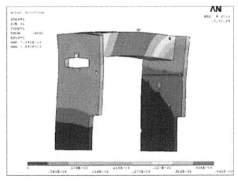

图 5.8.6　分析得到的墙板及上平台的变形　　　　图 5.8.7　合位移等值线

　　为得到应力应变分布状况，找到应力最大处，方便后续的优化设计，可将输出结果设置为应力等值线图，如图 5.8.8 所示。从图 5.8.8 中可以看出，在模切力的作用下，结构中最大的拉应力为 184MPa，出现在左墙板开窗内侧左上角处的应力集中区域，由于所选择的材料是 Q235 碳素结构钢，其屈服极限为 235MPa，安全系数取为 1.5，则许用应力 157MPa。由此可见，最大应力已经超出材料的许用应力，说明结构在强度上不够安全，需要通过结构优化使其满足使用要求，并进一步减小其变形量 [8]。

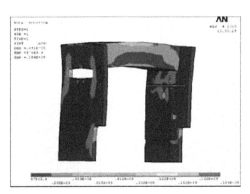

图 5.8.8　应力等值线

三、结构优化分析

　　针对墙板部分和模切上平台有限元分析得到的结果，为使墙板的强度和刚度满足使用要求，改善墙板开口处的应力集中问题，进一步减小整个结构的变形量，提出以下优化方案。

（1）方案1。在左侧墙板处加2根加强筋，加强筋厚度为60mm。修改后的三维模型如图5.8.9所示，经过有限元分析得到如图5.8.10所示的应力等值线图。从图5.8.10可以看出，优化后的最大变形位移减少至0.417mm，最大应力减少至159MPa。

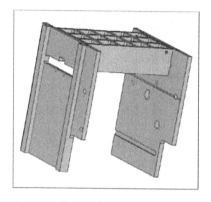 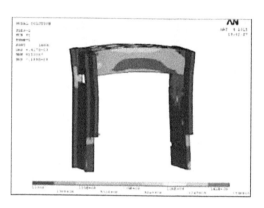

图5.8.9　在左侧墙板增加2根加强筋后　　图5.8.10　左侧墙板优化后的应力等值线图
　　　　的三维模型

（2）方案2。在左侧墙板处加4根加强筋，布置方式为两横两纵，加强筋厚度为60mm。修改后的三维模型如图5.8.11所示，经过有限元分析得到如图5.8.12所示的应力等值线图。从图5.8.12中可以看出，优化后的最大变形位移减少至0.419mm，最大应力减少至158MPa。

 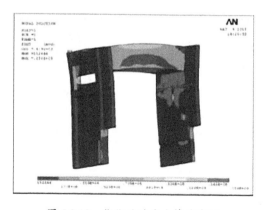

图5.8.11　在左侧墙板增加4根　　　　　图5.8.12　优化后的应力等值线图
　　　加强筋后的三维模型

（3）方案 3。在两侧墙板处分别加 2 根加强筋，加强筋厚度为 60mm。修改后的三维模型如图 5.8.13 所示，经过有限元分析得到如图 5.8.14 所示的应力等值线图。从图 5.8.14 可以看出，优化后的最大变形位移减少至 0.419mm，最大应力减少至 141MPa。实验数据结果如表 5.8.3 所示。

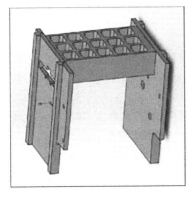

图 5.8.13　在两侧墙板分别增加 2 根
加强筋后的三维模型

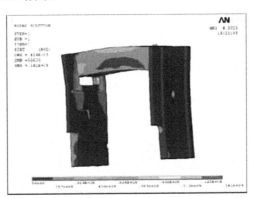

图 5.8.14　优化后的墙板应力等值线图

表 5.8.3　实验数据结果

	优化前	优化方案 1	优化方案 2	优化方案 3
墙板最大变形 /mm	0.491	0.417	0.419	0.419
墙板最大应力 /MPa	184	159	158	141

通过比较 3 种方案，可以看出，在墙板上以任何一种方式加上加强筋，都能使左侧墙板开口处的最大应力降低，上平台的最大变形位移减小，但方案 1 和方案 2 仍然未能使结构的最大应力降至材料许用应力以下，只有方案 3 把最大应力减小到了许用应力范围之内，可见通过有针对性地在两侧墙板分别增加 2 根加强筋，达到了提高两侧墙板的强度和刚度的目的。

四、结语

本文对模切机主机墙板及上平台进行三维建模，将模型导入有限元分析软件中进行分析，输出了该结构的位移等值线图和应力等值线图，从而找到了局部应力集中的部位。之后，进一步提出优化方案，优化结果表明，通过合理布置加强筋等措施可以降低应力集中，使墙板满足强度和刚度方面的要求，对后续的改进设计提供了有力的依据，在一定程度上为各类模切机主机墙板的结构优化提供了方法。

参考文献

[1] 谢继光. 平压平模切机的工作机理与设计方法的研究 [D]. 上海：上海交通大学, 2005.

[2] 薛超志，齐元胜，王晓华，等. 模切压力机理分析与实验研究 [J]. 北京印刷学院学报, 2011, 19 (2) : 39-42.

[3] 张国方，成刚虎. 平压平模切机模切压力的分析与研究 [J]. 印刷杂志, 2014 (6) : 52-54.

[4] 薛超志. 平压平模切机模切压力系统研究 [D]. 北京：北京印刷学院, 2012.

[5] 耿武帅. 全自动模切机新型模切机构分析与研究 [D]. 北京：北京印刷学院, 2012.

[6] 薛超志，齐元胜，张伟，等. 模切机机架的有限元分析 [J]. 包装工程, 2011, 32 (9) : 62-65.

[7] 张玲. 高速自动模切机主机墙板的应力分析和结构优化 [D]. 上海：同济大学, 2007.

[8] Snchez-CabelleroS, SellésMA, PlaR, etal. Finite element sanalysis and multiobjective optimization : Awaytoreduce material and manufacturing cost[J]. AIP Conference Proceedings, 2012, 1431 (1) : 719-724.

5.9　模切压力机理分析与实验研究 ①

全自动平压平模切机主要用于纸箱、纸盒等印刷品的模切、压痕工艺是印后加工设备中应用最为广泛的机种之一[1]，主要由输纸系统、施压机构、收纸装置、传动系统、电控及自动排废等几部分组成，其中施压机构是模切机最主要的机构，其性能的优劣直接影响模切速度和精度。在模压作业中模切压力过小钢刀不能切断纸板压痕也会过浅纸盒将无法成型；模切压力过大钢刀容易变形刀刃变钝影响模切精度，甚至在下平台上切出很深的刀痕，严重影响模切版的使用寿命。在生产实际中，技术人员一般是靠经验估量模切压力值的大体范围没有做过专门的实验来研究模切压力。因此，有必要对模切压力进行分析与实验研究。本文采用理论与实验相结合的方法对模切压力进行了分析与研究，并提出了一种模切压力测试方法。目前，北京印刷学院数字化制造研究室正在研发一种数字化模切实验平台，本研究将对实验平台额定工作压力的确定起到一定的参考作用。

一、理论分析

1. 模切压力的产生机理

在整个模切压痕过程中印品或纸张首先经过弹性形变阶段即组成印刷品的材料如纸张、纸板内的填料和纤维等发生弹性变形；其次随着模切压力的增加进入压痕成形阶段即预破坏区的成形阶段此时由于在钢刀、钢线附近的应力集中比较大使得纸张内部纤维和填料局部被破坏从而完成印品或纸张表面的压痕工艺。如果进一步增大施加压力印品或纸张将会进入脆性破坏阶段即切断阶段从而将印品或纸张的某些部位切断完成模切工艺。图 5.9.1 为模切压痕原理图。在模切过程中下平台主要受到以下阻力：

---

① 此文刊载于《北京印刷学院学报》2011 年第 2 期，作者：薛超志、齐元胜、王晓华、耿武帅、张伟。

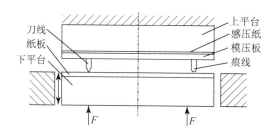

图 5.9.1　模切压痕原理图

（1）模切钢刀切入印品或纸板时受到的阻力。印品越厚、越硬对钢刀的阻力越大。

（2）为了使纸板完成模切后能及时脱离钢刀，需要在模压版上钢刀的两侧安装胶条。当钢刀切入纸板时胶条受挤压产生阻力。印品或纸板越厚，将纸板从钢刀上弹出所需的力越大，所需安装的胶条就应越硬，模压时受到的阻力也就越大。此外，阻力的大小还与胶条的长度、宽度有关。

（3）模压过程中钢线要配合压痕线使印品或纸板产生塑性变形。纸板越厚、越硬，加载过程中钢线对纸板塑性压痕时受到的阻力也越大。

（4）模切钢刀切透纸板压在下平台上平台对钢刀有阻力。模切机的下平台克服上述几方面的阻力与上平台进行压合完成对印品的模切压痕工艺所需要的力即模切压力[2]。

影响模切压力的因素有很多，主要包括以下几个方面：

（1）模压版上钢刀、钢线的总长度以及钢刀、钢线的厚度。总长度越长所需的模切压力值也越大；钢刀或刀线越厚所需的模切压力值也越大。刀线、痕线厚度的选择应根据被模压纸张的厚度来决定。

（2）胶条硬度和面积。胶条硬度越高面积越大所需的模切压力值越大。

（3）纸张的厚度及纸张材料。纸张越厚、越硬所需的模切压力值越大。

（4）模压速度。一般情况下模压速度越大剪切应力越大[3]。

（5）模压尺寸。就同一种印刷品来说剪切应力随模压尺寸的减小而增加。

2. 模切压力的计算

模切压力值的确定方法有许多种模切压力的理论计算公式如下：

$$F=k\times\sigma\times A \tag{1}$$

式（1）中：F 为模切所需的力；σ 为模切中单位面积的剪切应力值；A 为模切分离面的实际面积，可根据模切材料的厚度和周长来计算；k 为考虑模压过程的实际条件和各项技术因素影响的系数。式（1）只能计算模切力，不能计算压痕力，

k 值与 σ 值的影响因素太多不易确定具体数值，因此通过式（1）很难准确地计算出模切压力。

可以采用实验法来实现对模切压力的计算。先通过实验来确定单位长度上模切压力 P 的数值，再计算模切压力值 F，可用下式[4]计算。

$$F=k\times L\times P \tag{2}$$

式（2）中：F 为模切压力；L 为模切周边总长（包括切口和压线）；P 为单位长度切口和压线的模切力；k 为考虑实际生产中各种不利因素影响的系数。

二、测试方法研究

测试系统中传感器是测量装置与被测量物之间的接口处于测试系统的输入端，完成被测量对象的感知和能量转换，其性能直接影响着整个测试系统，对测量精度起着主要的作用，[5]因此传感器的选择是关键。由于所测的压力很大，一般的传感器很难达到要求，模压版与下平台之间的力并不是均匀分布，一般集中在钢刀、钢线附近。因此本方案需要解决传感器的选择以及安装问题以保证模切机和传感器的安全。通过大量调研及研究本方案采用富士压力测试系统来完成对模切压力的直接测量。富士压力测试系统由富士 FPD 感压纸、EPSONPerfectionV300 扫描仪和富士压力图像分析系统三部分组成。其基本原理是：FPD 感应纸将承受的压力值转换为颜色浓度值压力值越大颜色越深。使用方法如图 5.9.2 所示，扫描受过压力的感压纸使用富士压力。

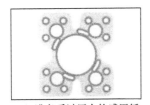　　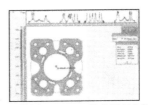

　　（a）准备受过压力的感压纸　　　（b）扫描感压纸　　　（c）使用FPD-8010E软件进行分析

图 5.9.2　富士压力测试系统使用方法

图像分析软件 FPD-8010E 对扫描图像进行分析得出模切压力。测试步骤如下：

（1）通过卧式平压平模切机自带的压力调节装置进行调压使模压版面各刀线、钢线压力分别达到均匀一致，即调节上、下平台之间的距离使压力增大或减小。常见的是利用位于机器上部或下部的楔形板来调节模切压力。卧式平压平模切机大多利用位于下部的楔形板调整模切压力。

（2）考虑到模切压力比较大，选用量程为 0 ~ 15MPa 的感压纸。感压纸尺寸最好略大于模压版尺寸，由图 5.9.1 可以看出，上平台所受到的力就等于模切压力 F，尺寸如果小于模压版尺寸，测出的力将小于模切压力 F。将感压纸固定在模压版的背面装上模压版（刀模）上纸完毕后开机并点动运行。由图 5.9.1 可以看出，如果将感压纸安装在模压版与下平台上表面之间，感压纸很有可能被刀切断。通过调压装置对模切机调压完毕后将感压纸固定在模压版与上平台下表面之间可以避免感压纸被切断并且可以实现对模切压力的测量。

（3）扫描受过压力的感压纸使用图像分析软件 FPD-8010E 对扫描图像进行分析得到模切压力分布图和模切压力数据。图 5.9.3 为一压力测试分析结果。由图 5.9.3 可以看出压力分布情况、所受压力总值、受压面积、平均压强、最大压强、最小压强等。利用该测试方法对幅面为 1050mm×760mm 的卧式平压平自动模切机进行模切压力测试实验，测试结果见图 5.9.3，测试数据见表 5.9.1。由于条件所限此处仅取幅面为 95mm×80mm 的感压纸进行测试实验，固定位置为模压版背面的中部。从图 5.9.3 中可以看出，模切压力并不是均匀分布的，一般来说，刀线以及痕线附近会有应力集中，空白区域受力相对较小，刀线以及痕线越密集上平台相应的部位受力越大；平均压强为 3.1MPa，通过压强公式可得模切压力约为 2470kN。在实际应用中为了测量更加精确，感压纸的幅面最好略大于模压版的幅面。

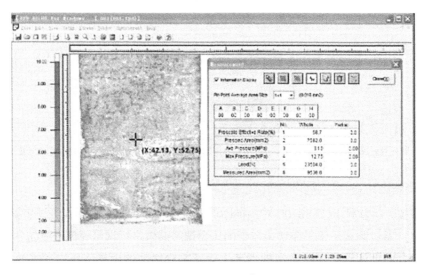

图 5.9.3　压力测试分析结果

表 5.9.1　模切压力测试数据

受力面积 /mm²	7582
平均压强 /MPa	3.10
最大压强 /MPa	12.75
压力值 /N	23504.0

实验分析与研究模切刀线厚度的选择需根据被模压纸张的厚度决定其选择标准，可参照表 5.9.2[6]：

表 5.9.2　刀线厚度的选择

纸张厚度 /mm	刀线厚度 /mm
＜ 0.6	0.7
0.6 ～ 1.5	1.07
E 型瓦楞纸	0.7

使用模压痕线的厚度要根据产品的厚度来选择。模压痕线厚度的选择标准是模压痕线的厚度应不小于模压纸张的厚度。此外，模压痕线的硬度应和模切刀线的硬度相同。为了便于研究本实验所用刀模尺寸如图 5.9.4 所示刀线或痕线在模压版上对称分布。采用两个刀模进行实验，一个只装刀线一个只装痕线。采用上述测试方法对不同厚度的纸张分别进行模压实验。经过多次反复实验得出数据平均值。表 5.9.3 所列数据为测试结果，其中 F_1 为单位长度切口的模切力，F_2 为单位长度压痕的模压力。

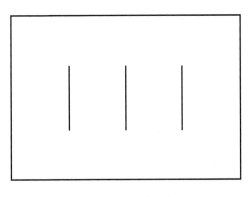

图 5.9.4　刀模尺寸

表 5.9.3   测试结果

实验用纸	纸张厚度 /mm							
	0.1	0.2	0.3	0.4	0.5	1.1	1.8	2.5
单位模切力 F_1/N	17.8	28.3	39.5	52.7	65.3	131.2	183.4	249.3
单位压痕力 F_2/N	38.7	41.3	42.7	44.3	45.8	52.1	59.8	67.5

由表 5.9.3 不难看出在刀线以及痕线一定的前提下当纸张厚度小于 0.3mm 时单位模切力 F_1 小于单位压痕力 F_2；当纸张厚度大于 0.3mm 时单位模切力 F_1 大于单位压痕力 F_2。如图 5.9.5 所示随着纸张厚度的增加模切压力呈近似线性增长，纸张厚度对模切力的影响要大于对压痕力的影响。结合测试结果数据列表 5.9.2 与模切压力计算式（2）利用 VC++ 开发出一种模切压力计算程序（图 5.9.6），该程序在一定范围内能够根据纸张厚度得出所需模切压力，为正在研发的数字化模切实验平台提供了数据支持并对平台额定工作压力的确定起到一定的参考作用。

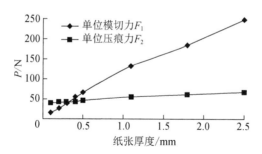

图 5.9.5   模切压力与纸张厚度变化趋势

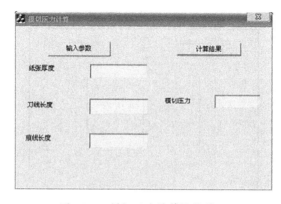

图 5.9.6   模切压力计算软件界面

三、结论

通过理论与实验相结合的方法，对模切机模切压力的产生机理及模切压力的影响因素进行了分析与研究，得出了平压平模切机上平台的应力分布情况。通过数据分析得出模切压力与纸张厚度的关系，并利用 VC++ 开发出一种模切压力计算程序为我们正在研发的数字化模切实验平台提供了理论依据和数据支持。此外，本文也是对模切压力测试方法的一次探索性研究。

参考文献

[1] 杨广义，成刚虎. 全自动平压平模切机的模切压力分析 [J]. 包装与食品机械，2004，22(1)：20-22.

[2] 王西珍，成刚虎. 如何掌握模切压力 [J]. 印刷杂志，2005(10)：20-21.

[3] 沈晓辉，张秋实，杨义. 覆膜、上光、烫金、模压 [M]. 北京：印刷工业出版社，1994.

[4] 张选生，施向东，王淑华. 印后加工工艺与设备 [M]. 北京：印刷工业出版社，2007.

[5] 秦树人. 机械测试系统原理与应用 [M]. 北京：科学出版社，2005.

[6] 钱军浩. 印后加工技术 [M]. 北京：化学工业出版社，2003.

5.10 模切工艺优化系统及实现策略研究 ①

模切压痕质量的好坏直接影响了包装品的市场形象，因此采用新的模切技术能有效地增强包装印刷企业的市场竞争力。包装印刷行业的快速发展以及人们对商品外包装要求的提高，要求模切压痕工艺不断进行改进与创新。目前模切工艺主要分为圆压圆、圆压平、平压平三种类型，其中，平压平模切工艺由于具有模切设备结构简单、维修方便、便于操作、容易更换模切压痕版适合不同定量的材料、模切精确反应用范围较广等一系列优点，成为应用最为普遍的一种模切工艺。

本研究通过对国内外平压平模切工艺的对比，分析了国内平压平模切工艺过程的不足，提出了利用虚拟仿真技术和数据库技术进行模切工艺优化的方法，为包装印刷企业精益化生产提供借鉴，使企业能够根据用户的需求合理选择正确的模切压痕工艺，推进行业的技术进步。

一、平压平模切压痕工艺研究及应用现状

平压平模切压痕工艺是指在印刷后期加工中，根据模切图将模切刀与压痕钢线排列成模切版，安装在平压平模切机上，在压力的作用下，将印刷品或其他模切材料轧切成型的工艺。模切压痕工艺可以用于各种精美的书刊、包装装潢及其他印品加工成形。模切压痕工艺流程如图 5.10.1 所示。

图 5.10.1 模切压痕工艺流程

---

① 此文刊载于《中国印刷与包装研究》2012 年第 4 期，作者：张东丽、齐元胜、张伟、王晓华、赵世英。

1. 平压平模切工艺研究进展

近几年，国内一些企业和高校对模切工艺进行了研究，并取得了一定的成果。饶作文[1]详细阐述了模切生产作业的标准流程，为企业的标准化生产提供借鉴；王志宇[2]探讨了微连点模切工艺及实现方法，为模切工艺的优化提供了一定的方向；何方宏[3]介绍了平压平无叼口模切工艺设计方法，为改变传统的生产作业方式和降低生产成本提供了一定的指导；陈芳东[4]鉴于手工清废费时费力的缺陷，提出了设计开发自动冲压清废机；陈凯[5]提出采用共轭凸轮驱动平台方案，通过建立动力学模型对机构进行动静态分析，利用 VC 语言与 Matlab 软件编制了动平台驱动机构的选型分析演示界面；李艳莉[6]利用 SolidWorks 软件对模切机间歇机构进行建模装配和运动仿真，设计出了共轭凸轮驱动平台的参数化软件；孔勤和温学俊[7]发表了新型专利模切机用组合刀模，提出通过刀模主体和副模体之间的连接部件，提高刀模利用率，解决了刀模制作成本高和存储空间大的问题。

为了使产品更具市场竞争力，许多印刷企业也开始着手进行模切工艺的优化研究，如微连点模切，模切自动清废、连线模切等技术，使印刷品模切水平得到一定的提高。然而，在模切速度、模切精度及设备的稳定性方面我国与国外相比尚存在一定的差距。

2. 模切设备技术水平

目前，国内全自动平压平模切机和同类型国外模切机相比，其竞争优势主要表现在：国内设备价格相对便宜，只相当于国外同类型设备价格的 1/4 ～ 1/3；厂家售后服务，反馈比较及时，工作响应时间较快；部分模切设备生产企业已通过 ISO9000 质量体系认证和欧洲安全 CE 认证，实现出口外销，且外销比内销价格高。

但是，与国外先进机型相比，国内的模切设备还有较大差距，主要表现在以下方面：

（1）在模切速度和模切精度方面，国内模切速度达到 8000 张 / 小时，模切精度为 ±0.075mm。国外模切速度能达到 10000 张 / 小时，模切精度约为 ±0.06mm。

（2）在设备工作稳定性方面，国内模切设备受机械制造技术水平制约，如加工材料、热处理工艺、加工装配工艺、检验手段等条件，其零部件的制造精度存在误差，造成出厂的模切设备稳定性较差。其次，国内模切设备的耐用性较差，主要表现为其定位精度在使用一段时间后会改变，最终导致模切质量的下降。

（3）在零部件通用性方面，国内模切设备在零部件加工、整机装配方面都与国外存在较大差距。国外零件的通用程度较高，装配与售后维修比较方便。国内模切机配件通用性较差，针对模切设备的标准还不完善[8]。

3. 模切组件选用

要达到优质的模切压痕效果，除了使用高精度的设备之外，还要合理设计模切与压痕工艺。其中，刀模版的制作工艺就是非常重要的环节，如图5.10.2所示。

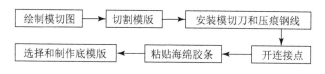

图 5.10.2　刀模版的制作工艺示意

（1）模切版

作为刀模版的载体，模切版对模切刀、压痕钢线和海绵胶条起到固定和支撑作用，其厚度通常为18mm。模切版的材质主要有多层木质胶合板、纤维塑胶板和复合钢板等。各种材质模切版的性能比较见表5.10.1。多层木质胶合板的特点是易加工、价格便宜，但其易受环境温湿度的影响。对于大批量及长线产品的加工，使用复合钢板更佳，其变形率低，可减少由模版造成的模切压力不均匀，减少切边起毛现象。目前，国内普遍采用多层木质胶合板制作模切版，国外则多使用纤维塑胶板和复合钢板。

表 5.10.1　不同种类模切版性能比较

参数 种类	变形率	尺寸误差 /mm	换刀次数*（倍数）	切割工艺
多层木质胶合板	高	0.15～0.7	1	锯床或激光
纤维塑胶板	低	0.13～0.30	3	高压水喷射
复合钢板	低	0.10～0.20	6	激光模切

注：* 以多层木质胶合板换刀次数为基数。

（2）模切刀和压痕钢线

模切版的使用寿命主要取决于模切刀的质量和换刀次数。

保证模切刀和压痕钢线的精度是提高模切质量的前提。质量好的模切刀片可以使模切机以高的速度运转，使所需模切压力减小，改善排废效果，减少切边破裂，降低模切起尘、起丝现象。目前，国内外普遍采用 CAD 刀具成型系统软件进行加工，该系统采用液压弯刀、液晶显示、液压传动和游标定位，可保证刀具成型的精度，模切刀分为硬性、中性和软性三种，其各自性能见表 5.10.2，模切刀的选择应根据模切机和被模切材料的特点以及模切要求来确定。

表 5.10.2 模切刀种类

种类 \ 参数	硬度（HV·kg/mm²）	模切压力	弹性系数	加工适性
硬性	400～470	大	大	厚纸，批量大
中性	380～400	中	中	加工适性较宽
软性	320～380	小	小	薄纸，批量小

选择压痕钢线，考虑因素为硬度适中，稳定性强，刀头圆滑，圆弧中轴对称，高度、厚度偏差小，规格齐全。其厚度应不小于纸厚，高度等于模切刀片高度减去模切材料厚度，再减去修正值 0.05～0.10mm。

（3）开连接点和粘贴海绵胶条

开连接点即在模切刀刃口部开出一定宽度的小口，使该部分的纸盒和废边在模切后仍有部分连接，不会散版。海绵胶条在模切中起到的作用十分重要。海绵胶条的反弹作用使得模切加工产品与模切刀版顺利分离，避免纸板与模切版粘连，同时起到保护盒型的作用。优质海绵胶条具有适应高速模切、避免起毛、快速回弹和耐用等特点。

（4）底模版的选择和制作

底模钢版要求质地坚硬，不易变形，表面平整，耐压力强，其表面须经防水阻隔和磨光处理并采用环保胶水进行黏合。调试好模切压力并将钢板清洗干净后，根据量取的模切版所需压痕底模的长度，使用定位塑料条对压痕底模进行定位，用橡胶锤击打压痕底模，使压痕底模与底模钢版粘贴牢固。

实际上，刀模版各组件在加工过程中是相互作用和影响的。因此，合理设置模切与压痕工艺，才能提高模切质量和精度。

二、模切工艺优化研究

通过比较分析得出，模切过程的每个环节相互影响和制约，时刻需要操作人员进行检查和核对，技工的熟练程度和技术水平也是制约模切质量的重要因素。在模切生产过程中，对模切工艺进行优化可以提高生产效率，降低生产成本。

本研究利用虚拟建模仿真技术、数据库技术和优化设计方法，构建模切工艺虚拟仿真系统，以实现对模切工艺的优化。利用虚拟建模和仿真可实现模切工艺过程的可视化，预见模切压痕的最终效果，这样能够及时发现模切过程中存在的问题。模切工艺信息数据库的建立，能够根据仿真分析的结果对模切工艺参数进行优化，决策出最优工艺。

三、切虚拟仿真系统的开发

1. 系统的开发流程

模切工艺虚拟仿真系统综合利用数据库技术，融合虚拟建模仿真和优化设计方法对模切工艺过程进行优化。其具体操作方法为：首先，针对模切工艺过程建立其模型并进行形式化处理，对模型进行可信性检验。其次，对模型进行仿真分析，根据模切工艺系统特点和要求选择合适的算法，使其满足仿真需要。利用程序语言建立工艺信息数据库。最后，根据仿真分析数据，比较分析工艺方案，决定最优工艺。模切工艺虚拟仿真系统开发流程如图 5.10.3 所示。

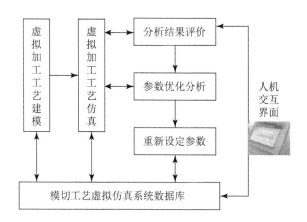

图 5.10.3　模切工艺虚拟仿真系统开发流程

（1）模切工艺仿真环境的建立

利用人机工程学和图形学进行人机交互界面设计，利用数据接口技术实现用户与系统数据库的交互，通过应用程序为用户提供应用数据库的界面，建立可视化仿真环境。在人机交互界面中，用户可以通过设置模切工艺参数来创建虚拟加工环境，直接观看加工工艺过程，对加工工艺过程进行控制并获取分析结果。

（2）模切工艺数据表达方法和数据库系统的建立

数据库系统是仿真模型运行的基础，同样也关系到仿真实验结果的可信性。在 Oracle、SQL Server、Access 或 My SQL 等数据库中，利用 SQL 语句输入工艺信息，并利用数据管理系统对数据进行分类、组织、编码、存储、检索和维护。根据工艺流程，将模切工艺数据分为材料库、刀具库、版材库、设备库和参数库，如图 5.10.4 所示，建立关系数据模型，设计多种模切工艺方案。数据管理系统能够对工艺数据进行添加、修改、删除及存储等。

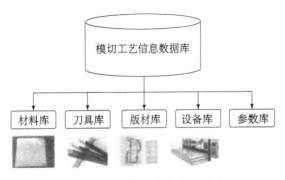

图 5.10.4　模切工艺信息数据库

（3）虚拟建模与仿真

利用 Solidworks、Pro/E 或 UG 等三维建模软件建立模切工艺过程的数字化模型，该模型为静态模型，不能逼真地表现模切加工的过程，需结合行为建模技术创建虚拟仿真环境，将该模型由静态变为动态模型。对动态模型的仿真，首先要利用虚拟样机技术将该模型导入 ADAMS 软件中进行动力学仿真分析，得出模切压力对纸张的作用力大小，仿真分析包括了模切过程的可视化、模切压力的计算及优化设计等。其次，利用有限元方法，对模切压痕部分进行应力—应变分析，得出纸张受力变形曲线。

（4）工艺优化及决策支持

对所建立的仿真模型进行数值计算，同时对仿真运行的结果与真实数据进行比较和分析。根据仿真分析数据对模切工艺参数进行优化，包括模切版、模切刀的选择，压痕线的安装，开连接点，选择和粘贴海绵胶条，模切压力调试，精度调准和清废工艺，等等。以仿真模型信息为依据，按照预先规定的顺序和逻辑，调用有关工艺数据，进行必要的比较、计算和决策，生成最优生产工艺，由计算机界面输出显示。

2. 系统开发的关键技术问题

开发模切工艺虚拟仿真系统的关键技术问题有以下几点：

（1）模切工艺过程的建模。在 Solidworks、Pro/E 或 UG 等三维建模软件环境下，不仅要利用特征建模和参数化技术表达出该模型的几何信息、拓扑信息以及包含有约束、配合、公差等的多种工程设计信息，还需利用行为建模技术表达仿真过程中的行为信息。

（2）动态模型的仿真。利用虚拟样机技术和有限元方法对模型进行动力学仿真分析和应力—应变分析，得出模切压力对纸张的作用力大小和纸张受力变形曲线。

（3）模切工艺数据表达和决策模型的建立。模切工艺数据中的经验性工艺知识属于过程性知识[9]，对于复杂的模切过程，必须结合经验性知识决策出最优工艺，而准确表达工艺数据是实现工艺优化的关键。建立完善的工艺决策模型需要确定每个环节的逻辑关系，通过模型仿真分析结果的计算和比较进行决策。

（4）虚拟仿真系统对外接口。该接口应实现对外部系统的接入，在系统的高并发和大容量的基础上提供安全可靠的接入并能实现系统资源的动态扩展。

3. 虚拟仿真系统的作用

模切工艺虚拟仿真系统实现的预期效果为：①提高效率，仿真时间少于上机试验时间，节省生产准备时间；②操作简单，无须具备上机经验即可决策出最优工艺，节省了劳动力成本，提高产品精度；③节约材料，无须频繁开机；④提高安全性，降低人员伤亡率。

该系统能够预测和评价产品的可制造性、加工时间、生产成本、产品质量、生产工艺规划，实现生产过程及资源的优化，从而降低生产成本，提高生产效率和企业竞争能力，对印刷包装行业的发展具有积极的推动作用。

四、结语

随着商品市场对产品包装水平要求的不断提高，纸盒、纸箱、不干胶标签和其他包装印刷产品都通过模切压痕工艺来提高自身的质量。标准的模切工艺、合理的生产作业流程、高精度高速度的模切设备是保证模切生产效率和产品质量的必备条件。本文分析了国内模切工艺过程的不足，提出了一种模切工艺优化的新方法，构建了模切工艺虚拟仿真系统，下一步工作将根据本文提出的模切优化方案进行具体实施并验证其运行效果。

参考文献

[1] 饶作文 . 模切工艺的精益化生产 [J]. 印刷技术，2008（6）：27-28.

[2] 王志宇 . 微连点模切工艺探讨 [J]. 印刷技术，2012（4）：26-28.

[3] 何方宏 . 无叨口平压平模切工艺 [J]. 印刷技术，2007（26）：53.

[4] 陈芳东 . 模切清废工艺巧革新 [J]. 印刷技术，2011（4）：19-20.

[5] 陈凯 . 平压平模切机动平台共轭凸轮驱动机构的分析研究 [D]. 西安：西安理工大学，2009.

[6] 李艳莉 . MW1050 型模切机间歇机构创新设计与研究 [D]. 西安：西安理工大学，2008.

[7] 孔勤，温学俊 . 模切机用组合 1 模：中国，201020263070[P]. 2010-07-19.

[8] 郭海祥 . 我国模切烫印设备的发展历程与趋势展望 [J]. 印刷技术，2009（22）：38-44.

[9] 肖乾，王中庆 . 实现产品工艺数据库的一种新方法 [J]. 机械工程师，2004（10）：17-19.

5.11　平压平模切机驱动机构创新设计及理论分析 ①

　　在经济快速发展和物质生活水平不断提高的今天，人们对于印刷品品质的要求也越来越高，而传统的印品只重视内在品质而忽略外表的观念在某种程度上会削弱印刷企业的市场竞争力。模切压痕作为一项重要的印后加工工艺过程，因其能提高印品的艺术效果提升印品的价值而越来越受到印刷企业的重视。

　　模切机作为完成模切压痕工艺过程的主要设备，它的发展也受到了人们的普遍重视。自 1940 年亨利·博斯特等创造了第一台全自动模切机 AP900[1] 开始，平压平模切机已经经过了 70 多年的发展。目前，在世界范围内绝大多数厂家生产的平压平自动模切机都是运用双肘杆机构作为动平台的驱动机构，只有 BOBST 公司的少数机型使用凸轮机构。从当前模切机的发展现状来看，传统模切机在机构优化 [1-4] 性能提高方面都达到了相当高的程度，在此基础上很难再有大的提升，并且由于传统模切机的机械零件太多存在很多弊端，而且难于实现数字化控制。因此，寻找一种新的执行机构来取代传统的双肘杆机构就成了一项非常有意义的课题。西安理工大学已经对凸轮机构进行了一定的研究 [5-6]，笔者基于前人研究成果对模切机驱动机构创新设计进行了探索。

一、全自动平压平模切机现状

　　全自动平压平模切机需要的模切压力很大。目前，绝大多数企业生产的模切机都是使用双肘杆机构来驱动动平台上下运动完成模切过程。双肘杆机构是包括一个三级杆组的复杂十杆机构，整个机构的自由度为 1[3]，它的运动原理见图 5.11.1。电机通过电磁离合器带动飞轮和蜗轮蜗杆副将动力传到曲轴 1 上，然后

----

① 此文刊载于《包装工程》2011 年第 11 期，作者：耿武帅、齐元胜、王晓华、薛超志。

曲轴 1 作用于连杆机构 2、7 和肘杆机构 3、6 把电机的旋转运动变为垂直运动驱动动平台 4 实现上下往复运动完成模切压痕过程 [7]。

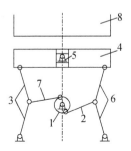

1—曲轴；2、7—连杆；3、6—4 根肘杆；4—动平台；5—动平台导向块；8—上平台

图 5.11.1　双肘杆机构运动原理

这种传统机械结构式的模切机驱动机构存在很多弊端：首先，零件的品种太多，制造加工难度和装配难度都比较大；其次，在国内受机械制造业技术水平的限制，许多机械零部件的加工精度不是很高这就会直接影响到模切机的工作性能。并且，还存在制造成本高、易磨损、机械寿命低、维护难度大、机构必须在润滑油的润滑下工作容易产生漏油等诸多弊端。

二、平压平模切机驱动机构创新方案设计

设计一种新型模切机驱动机构来取代传统的双肘杆机构。这种机构要尽可能或者完全抛开机械结构，使用先进的执行元件代替消除传统模切机驱动机构的弊端，并且能够实现对模切压力、速度等的数字化控制。经过前期的理论研究和技术分析，决定设计一种集气、液、机械于一体的新型模切机驱动机构。该设计是基于幅面为 800mm×620mm 的模切机展开的 2 个最主要的设计参数是模切压力（240t）和模切速度（8000 张 / 小时）。

方案所设计的是一种利用气液增压系统作为动力输入部件，机械二次增力机构作为主要增力机构的新型模切机驱动机构。由于气液增压系统的输出压力和速度成反比，要同时达到模切速度和压力的要求必须在保证最终输出压力不变的条件下尽可能降低气液增压系统的输出力，从而提高系统的速度，其方案原理见图 5.11.2。

模切过程需要的工作压力较大，所以如何进行输入力的放大是方案设计的重点。该设计方案充分考虑了这一点，所设计的气液集成增压系统和机械二次增力机构都能够对输入力进行放大。气液增压系统使用纯气压作为动力源，在系统中密封一部分液压油，利用增压器的大小不同及受压截面积不同，根据帕斯卡能量守恒原理工作。因为压力不变，压强会随着受压面积的变化而变化，当受压面积由大变小时增压器就会将压力提高数十倍甚至更高的倍数，从而得到一个较大的输出力。

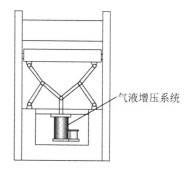

图 5.11.2　平压平模切机驱动机构
创新设计方案

气液增压系统分为 3 个工作过程：（1）气动的快进行程，压缩空气作用在储油筒内的液压油表面液压油驱动力输出活塞快速运动；（2）气液增力的力行程，压缩空气作用在增压活塞表面驱动增压活塞运动挤压液压油使液压油膨胀从而产生一个高压输出力；（3）气动的返回行程，压缩空气驱动活塞杆返回准备进入下一个循环过程。

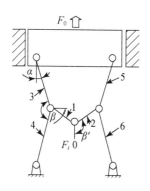

图 5.11.3　机械二次增力机构

机械二次增力机构是一种增力效果显著的机构基本结构，其原理见图 5.11.3。杆 1～6 组成的是双边对称组合，单向输入的机械二次增力机构[8] 是由 2 个基于角度效应的一次增力机构串联之后形成的。F_i 为输入力，F_0 为放大后的输出力，理论增力系数 i_t 和实际增力系数 i_p[8] 分别为：

$$i_t = \frac{1}{2}\left(\frac{1}{\tan\alpha\tan\beta} + 1 \right) \quad （\alpha,\ \beta \text{是理论压力角}）$$

$$i_p = \frac{1}{2}\left[\frac{1}{\tan(a+\phi) + \tan(\beta+\phi)} + 1 \right]$$

（ϕ 铰杆铰接处当量摩擦角，经计算 ϕ 取 0.477°）

理论上讲 α 和 β 的值越小，增力系数就会越大，也就是说 α 和 β 越接近 0°，增力效果就会越显著。但是在实际中由于制造和安装精度的影响 α 和 β 的值不可能太小，一般取 3°～5°[9]。经过增力机构对力的放大，通常能达到 50 倍甚至更高倍数的增力效果。

在该方案中，由于存在着气液增压，系统和机械二次增力机构对输入力进行多次放大，气液增压系统只需要 2～4t 的输出力就可以获得一个能够满足预期目标的模切压力输出，并且由于气液增压系统输出力比较小，系统的速度就会有大幅度提高，从而更易于满足模切速度的设计要求。

三、ADAMS 仿真实验

下面通过 ADAMS 对该方案进行相关运动学分析需要得到的相关数据是：

（1）在动平台行程（30mm）确定的情况下模切初始角度 γ 和终止角度 γ'。

（2）完成模切过程气液增压系统的行程 S。

（3）理论压力角 α 和 β 的变化情况并由此得到系统的增压倍数从而计算出气液增压系统所需要的最小输出力。

仿真试验中首先通过 SolidWorks 进行三维建模，如图 5.11.4 所示，然后将其导入 ADAMS 完成各零件运动副的定义并进行相关运动学分析。在仿真实验过程中，为了方便所需实验数据的收集在此做了 2 个转化：①将系统的驱动方式由气液增压活塞杆的上下直线运动转化到杆 4（图 5.11.3）的转动；②通过间接测量 β' 的值来得到理论压力角 β 的值，由图 5.11.3 可以得出：$\beta = \beta'-90°$。

通过 ADAMS 仿真实验所得到的相关数据曲线见图 5.11.5～图 5.11.8。

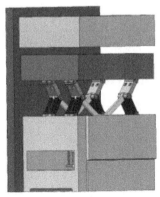 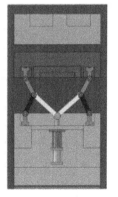

（a）轴测图　　　　　（b）剖视图

图 5.11.4　机构的三维模型

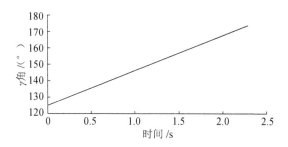

图 5.11.5　γ角随时间变化曲线

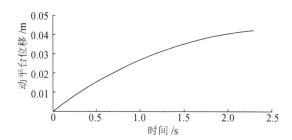

图 5.11.6　动平台位移随时间变化曲线

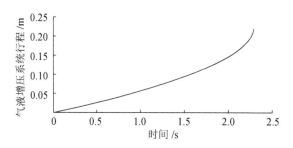

图 5.11.7　气液增压系统行程随时间变化曲线

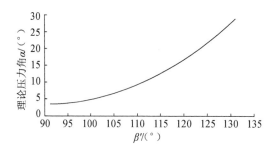

图 5.11.8　理论压力角 α 随 β′ 角变化曲线

通过对图 5.11.5～图 5.11.8 数据曲线的分析，实验所需相关数据整理见表 5.11.1。

表 5.11.1 仿真实验数据

序号	理论压力角 α/(°)	理论压力角（$\beta=\beta'-90°$）/(°)	初始角度 γ/(°)	终止角度 γ/(°)	气液系统行程 S/mm	理论增力倍数	实际增力倍数	气液系统最小输出力 /t
1	3.59	4.0286		173.1794	182.35	113.7	89.7	2
2	3.8123	5.5618		172.7571	173.95	77.5	63.5	2
3	3.9235	6.1864		172.546	170.55	67.8	56.1	3
4	4.0346	6.7539	133.445	172.3348	167.45	60.4	50.4	3
5	4.1458	7.2775		172.1236	164.65	54.5	45.9	3
6	4.3681	8.2257		171.7013	159.45	45.6	39.0	4
7	4.5905	9.0759		171.2789	154.85	39.5	34.0	4
8	4.8128	9.8534		170.8566	150.65	34.7	30.1	4

经上表数据分析可知，方案中将理论压力角 α 和 β 分别设计成 4° 和 6°，气液增压系统输出力为 3t，就可以满足设计要求，此时气液增压系统行程为 170mm 左右。

这种方案与传统的模切机构相比，主要做了两方面的变化，一是去除了曲轴、涡轮、蜗杆和飞轮等几个大的机械部件，能够有效地避免传统模切机存在的一些弊端，气液增压系统的使用不仅有利于实现模切过程的数字化控制，而且可以通过控制系统设置一定的保压时间来达到更好的模切压痕效果；二是在能够保证叼纸牙排顺利通过的情况下，将动平台行程由传统的 70mm 缩短至 30mm，这也是为了缩短气液增压系统的行程从而进一步提高模切速度。该方案的可行性较强，现在已经出现了气液增压系统用于烫金机的相关专利[10]，为该方案奠定了一定的基础；气液增压系统输出一个较小的力就可以得到满足设计要求的模切压力输出，同时由于气液增压系统响应速度与输出力成反比，这也将大幅度提高气液增压系统的响应速度，从而易于达到模切速度的预期设计目标。该方案的结构与传统的双肘杆机构有一定的相似之处，可以在传统模切机设计的基础上将其改造，这样该方案就可以减少设计制造的工作量。与传统模切机驱动机构相比，该方案的设计更便于进行设备的日常维护和维修工作，降低了零部件更换与维修的困难程度。

该方案也还存在一些有待解决的问题，虽然在方案中通过多种途径来提高系统的速度，但是从目前来看在模切速度方面与预期目标还有一定的差距，需要对气液增压系统以及整个系统结构做出更优化的设计才能达到设计要求。另外，如何延长设备的免维护期和使用寿命也是需要进一步研究的问题。

四、结语

结合气液增压系统和机械二次增力机构设计出一套新型模切机驱动机构设计方案并对设计方案进行了理论分析，其结果如图 5.11.9 所示通过分析可知这套方案基本能够达到设计的要求，达到减少机械零部件，提高模切性能，有利于实现数字化控制的目标。

设计方案中气液增压系统使用纯气压作为动力源液压油被密封在系统之中，不需要独立的液压站设备，运行过程中产生的噪声较少符合绿色环保的设计理念。

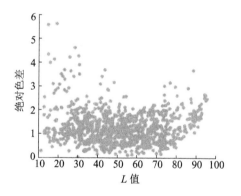

图 5.11.9　检测样本测量值与仿真值的绝对色差及分布情况

所提及的模切机驱动机构创新设计方案能为新型模切机驱动机构的设计提供一定的理论参考。当然针对方案中存在着的一些不足和需要攻克的难题还需要在以后的工作中不断地进行修改和完善。

在对 BP 神经网络的网络模型和算法进行详细分析的基础上，利用 Matlab 软件，采用 ECI2002 色靶，通过大量的数据，建立基于 BP 神经网络的 CMYK 与 $L^*a^*b^*$ 色彩空间之间的转换模型，并通过实验确立了网络模型的具体参数。然后在对数据进行归一化的基础上对 BP 神经网络进行了训练和仿真，得到了较好的效果，并通过测量样本数据对模型精度进行了评价，证明了在进行颜色空间转换中 BP 神经网络可以发挥很好的作用。

参考文献

[1] 李举. 调频加网呈色模型与分色配色模型的研究 [D]. 西安：西安理工大学, 2007.

[2] 陈路，李小东. 基于 BP 神经网络的 CMY 到 XYZ 颜色空间转换算法研究 [J]. 包装工程，2007, 28(7)：63-64.

[3] 韩力群. 人工神经网络教程 [M]. 北京：北京邮电大学出版社, 2006.

[4] 飞思科技产品研发中心. 神经网络理论与 Matlab7 实现 [M]. 北京：电子工业出版社，2005.

[5] 杨建刚. 人工神经网络理论实用教程 [M]. 杭州：浙江大学出版社, 2001.

[6] 丛爽. 面向 Matlab 工具箱的神经网络理论与应用 [M]. 合肥：中国科学技术大学出版社，1998.

[7] 曹从军. 色彩管理关键技术 CIE $L*a*b*$ 与 CMYK 变换算法的研究 [D]. 西安：西北大学，2008.

[8] 曹从军，刘强珺. 基于径向基函数神经网络的颜色空间转换研究 [J]. 中国印刷与包装研究，2010, 2(11)：48-51.

[9] 柴三中. 平压平自动模切机主切机构运动特性分析与优化 [D]. 西安：西安理工大学, 2006.

[10] 李发展，卢章平. 基于 ADAMS 模切机肘杆机构特性分析 [J]. 包装工程, 2010, 31(21)：24-26.

[11] 赵鑫磊. 改进模切机动态性能方法的研究 [D]. 青岛：中国海洋大学, 2008.

[12] 王西珍，李言，成刚虎. 模切机主切机构刚柔耦合动力学特性研究 [J]. 包装工程 2010, 31(21)：68-73.

[13] 陈凯. 平压平模切机动平台共轭凸轮驱动机构的分析研究 [D]. 西安：西安理工大学, 2009.

[14] 肖亚彬. 模切机活动平台驱动机构创新设计 [D]. 西安：西安理工大学, 2006.

[15] 王西珍. 全自动平压平模切机肘杆机构精度分析及可靠性设计 [D]. 西安：西安理工大学, 2006.

[16] 陆雯. 绿色化气动执行元件：气动肌腱及其应用研究 [D]. 苏州：苏州大学, 2006.

[17] 苏东宁，钟康民，李国平. 对称布局的铰杆—杠杆—铰杆三级串联力放大机构及其应用 [J]. 机床与液压, 2009, 35(8)：94-96.

[18] 王昌盛. 一种气液增力烫金模切机：中国 200720019906. 3 [P]. 2008-02-13.

5.12 基于大数据的模切机技术发展及知识产权现状分析 ①

随着美国发布"先进制造业伙伴计划"、德国发布"'工业 4.0'战略计划实施建议"、日本提出"社会 5.0 战略"、英国提出"工业 2050 战略"、法国提出"未来工业计划"、韩国提出"制造业创新 3.0 计划",我国提出了"中国制造 2025"发展战略。该战略是面向制造业转型升级的政策,印刷业是制造业的重要门类之一。2018 年,我国印刷业的产值已居世界第二位,规模以上企业有 5888 家,主要分布在我国的珠三角、长三角及京津冀地区,据统计,这些地区的总就业人数达 300 万人。

据《基于专利信息分析的创新技术预测方法综述》所述,"专利文件记载着人类 80% 以上的创新成果,是创新活动非常有价值的资源"。在世界范围内,印刷工业飞速发展,印刷机械行业已是世人普遍关注的技术领域之一,成为各国经济发展中新的经济增长点,印后设备是印刷行业的重要装备之一,而模切机是其最为重要的一部分。本文利用大数据对近十年模切机的专利和文献进行分析,评测模切机的技术发展方向及趋势。

一、数据的选择与分析方法

本文所述内容是以专利的已经授权模切机基础数据来进行分析的,本文选择了近十年专利的年申请数、申请人类型,研究了十年来模切机的发展。授权专利相对于仅处于申请阶段的专利来说,更能准确反映创新主体的技术竞争实力,《华尔街日报》、IEEE 等在评估专利竞争实力的时候,均将专利的授权数量作为重要的评价指标。

---

① 此文刊载于《智能制造》2020 年第 11 期,作者:李欣、齐元胜、刘世禄、程前、张亚洲、谷玉兰、刘玉琴。

佰腾网是国内知名的知识产权信息服务平台，2017 年成功通过 ISO9001 质量管理体系认证，被国家知识产权局认定为"全国专利文献服务网点"；2019 年被商务部批准为全国 9 家"商务部应对贸易摩擦工作站"之一，承担着为全国外贸企业提供知识产权预警服务的责任。利用佰腾专利查询系统，检索模切机专利申请数量，然后通过佰腾专利网自身的分析系统，分析每年专利申请数量的趋势，形成数据图，再根据申请人类型及申请人团队规模形成表格。通过分析每年申请数量可以清楚地看出这个行业的发展速度；通过分析申请人的专利数量排名可以直接看出这个行业的领头羊企业和有力的竞争者；通过分析专利申请人团队规模可以预测未来行业的带头人。

ITGInsight 是一款高级的科技文本挖掘与可视化分析工具，利用 ITGInsight 文献分析工具，生成专利关键词热度图，热度图清晰地展现出专利研究的主要方向。

SPSS 最早由美国斯坦福大学的三位研究生 NormanH.Nie、C.Hadlai（Tex）Hull 和 DaleH.Bent 于 1968 年研究开发成功，后被 IBM 公司购买，是用于统计学分析运算、数据挖掘、预测分析和决策支持的软件，是世界上最早用于统计分析的一款软件。将从佰腾专利网上检索的结果导入 SPSS，进行回归分析，以预测结果。

通过选取中国知网收录的与模切机相关的文献，分析近十年模切机的学术关注度和年度热点文献。分析学术关注度利于了解该机械目前的发展速度，分析近几年的热点文献可以了解目前该机械的发展方向。

数据的选择如图 5.12.1 所示。

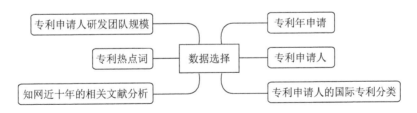

图 5.12.1　数据的选择

二、模切机专利和文献分析

2020 年 8 月 21 日从佰腾专利系统中共检索出模切机专利 5044 件，下面对这些专利进行分析。

1. 年度专利申请数量分析

模切是印刷包装行业最常用的加工工艺之一，即利用模切刀及相关五金模具，根据产品设计图样要求制作组合成模切版，在设备压力作用下，将印刷品或其他柔性料轧切成所需形状或压痕、压凹凸的成型工艺。模切机作为完成模切压痕工艺过程的主要设备，其发展也得到了人们的普遍重视。回首过去，模切机经历了从手动到半自动再到自动的演变，而"自动"一词的内涵也不断得到丰富。如今，诸多新技术的诞生和应用，既推动了传统印刷包装行业的发展，也改变了人类的生活。

模切机专利申请数量趋势如图 5.12.2 所示，从图中可以看出，自 2010 年起，模切机的专利申请数量逐年增长，其中 2014—2018 年的增长速度最快，数量也最多。我国模切机在 2014 年后发展很快，加快了印刷产业的发展。2018—2019 年专利申请数量有所下降，模切机技术发展或已趋于稳定状态，进入相对成熟期。

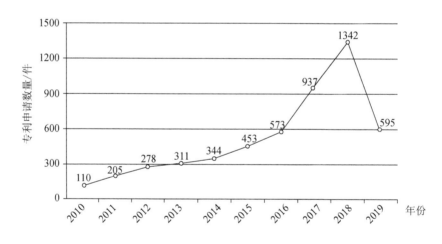

图 5.12.2　模切机专利申请数量趋势

注：由于从专利申请到专利公开存在时滞，即一般来说专利从提交申请到公开有 18 个月的时间延迟，因此 2017—2019 年的数据仅供参考。

2. 模切机专利申请人类型

模切机专利前 10 名申请人类型见表 5.12.1。表 5.12.1 显示模切机专利前 10 名申请人类型全部为企业，且企业之间的申请数量差距不大。院校和个人没有进入专利申请数量的前 10 名。数据显示针对模切机的研究多以企业根据自身的需求自发研究为主。近年来国家政策鼓励企业自主创新，从表 5.12.1 中看出，自主创新成果很明显。企业拥有自己的核心技术，对企业自身的稳定发展有很大作用。

东莞市飞新达精密机械科技有限公司拥有发明专利 38 件，海德堡（中国）印刷机械股份公司拥有发明专利 34 件，天津长荣科技集团股份有限公司拥有发明专利 31 件。发明专利代表着企业的创新能力，这三家企业的创新能力较强。

欧洲专利局网站的数据显示，海德堡模切机的授权专利数量为 86 件；博斯特模切机的授权专利数量为 55 件。博斯特拥有世界上自动化程度最高、速度最快的模切机 MASTERCUT106PER，生产速度高达 11000 张 / 小时。由于生产速度快、不间断和安装时间极短，该系列模切机提供了无与伦比的生产效率。我国模切机生产企业天津长荣科技集团股份有限公司（简称长荣股份）正奋起直追，长荣股份与国际巨头海德堡紧密合作，有梦 MK1060CSB 全清废模切机是长荣股份与海德堡战略合作后，面向世界推出的首台全能型全清废模切机，该款设备以 8000 张 / 小时的模切速度搭配 1060mm 幅面纸张，为企业提供更加便捷高效的生产解决方案。其电子定位（MasterSe）系统、全自动飞达（MasterFeeder）系统、选配自动物流（MasterLogistic）系统都是这台机器的亮点，由此可见，国产模切机未来可期。

3. 模切机专利申请人团队规模（见表 5.12.2）

从表 5.12.1 和表 5.12.2 可以看出，公司拥有的专利数目和研发团队人数呈正相关关系。专利数目多的，团队人数越多，后面用 SPSS 回归分析验证这一结论。

表 5.12.1　模切机专利前 10 名申请人类型

申请人类型	发明专利	实用新型	外观专利
天津长荣科技集团股份有限公司	31	27	6
东莞市飞新达精密机械科技有限公司	38	3	0
海德堡（中国）印刷机械股份公司	34	0	0
博斯特（上海）有限公司	15	13	0
深圳市哈德胜精密科技股份有限公司	8	27	4
上海旭恒精工机械制造有限公司	8	16	0
温州欧利特机械设备有限公司	7	52	4
上海耀科印刷机械有限公司	7	32	0
浙江大源机械有限公司	6	19	3
上海亚华印刷机械有限公司	2	69	4

表 5.12.2　模切机专利申请人团队规模

公司名称	团队人数
天津长荣科技集团股份有限公司	135
海德堡（中国）印刷机械股份公司	119
温州欧利特机械设备有限公司	91
上海亚华印刷机械有限公司	85
深圳市哈德胜精密科技股份有限公司	69
东莞市飞新达精密机械科技有限公司	69
上海耀科印刷机械有限公司	38
浙江大源机械有限公司	29
上海旭恒精工机械制造有限公司	26
博斯特（上海）有限公司	24

4. 专利热点词分析

进行热点词分析有助于了解领域产生、消亡、增强、减弱、扩张和收缩的过程，可作为技术新兴趋势探测的方法之一。基于 ITGInsight 的技术主题图绘制功能，从全部专利中筛选出现 100 次以上频次的词语形成热力图。图 5.12.3 中每个点表示一个技术热点词，颜色深浅表示该词词频数量多少。从图 5.12.3 中可以看出，专利中热度最高的词语是机械结构与机身，底板、原材料、切削原理和转轴这几个词紧随其后，表明模切机发展主要围绕模切机的主体结构优化和材料革新发展，这和模切机的发展历程不谋而合，因为机器结构在不断改进升级。在 20 世纪 80 年代以前，国产模切设备主要以立式平压平模切设备为主，至今一些设备制造商仍在生产立式平压平模切机。立式平压平模切设备的优点是操作简便、调整维修方便、价格低廉和适用性广，可进行白板纸和瓦楞纸板的模切。立式平压平模切设备的缺点是生产效率低、模切精度不高，特别是无法达到高档纸制品模切的精度要求，而且劳动强度大、安全性差，易发生安全事故。改革开放以后，通过引进、消化和吸收国外先进技术，国内模切烫印设备制造企业走上了自主研发、独立创新的道路。全清废自动模切烫印设备制造企业也逐步发展起来，以长荣股份、上海亚华为代表的国产模切烫印设备制造商，所生产的全自动模切设备在性能上也有了大幅提高，得到了市场的广泛接受和认可。进入 21 世纪，随着智能互联时代的到来，印后设备已发展成为智能化的联动生产线，去除了多余的生产步骤，极大地提高了生产效率和产品质量。

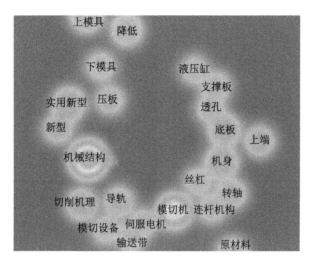

图 5.12.3 专利高频词

我国模切机发展历程如图 5.12.4 所示。

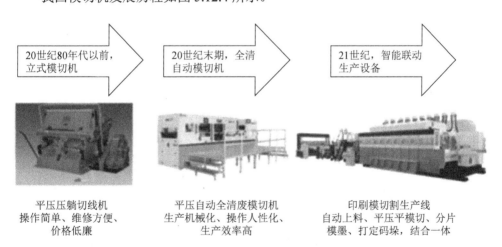

| 20世纪80年代以前，立式模切机 | 20世纪末期，全清自动模切机 | 21世纪，智能联动生产设备 |

平压压躺切线机
操作简单、维修方便、
价格低廉

平压自动全清废模切机
生产机械化、操作人性化、
生产效率高

印刷模切割生产线
自动上料、平压平模切、分片
模墨、打定码垛，结合一体

图 5.12.4 我国模切机发展历程

5. 专利技术发展分析

总结近些年模切机专利技术的发展情况，可以直观看出模切机技术的发展脉络。在控制方面，自动模切机的控制技术细化成纸张定位控制、追色控制、跳步控制、驱动装置控制、修整诊断控制和在线剔除控制等，全面覆盖了模切机工作的每个环节。在装置改善方面，改善了输送系统、更换工具、刮擦器、清废装置、传动装置和废边输送装置，各部分的升级改造全面提升了模切机的工作效率、精度、产品质量和实用性等，完全适应了不同大小不同厚度的模切任务需求。

专利技术发展情况如图 5.12.5 所示。

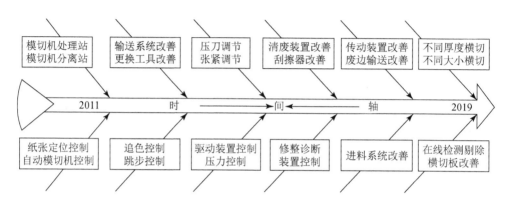

图 5.12.5　专利技术发展情况

6. 模切机学术关注度分析

近十年中国知网收录的模切机文献数量如图 5.12.6 所示。

从图 5.12.6 中可以看出，平均每年被中国知网收录的模切机相关文献的数量在 40 篇左右，学术关注度较为平缓。

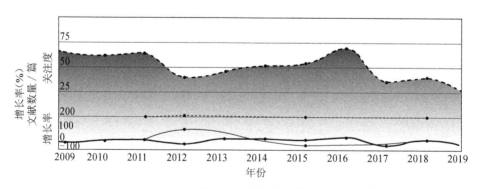

图 5.12.6　近十年中国知网收录的模切机文献数量

7. 模切机年度学术关注的热点文献分析

从文章的关注度可以看出整个学术圈在重点研究什么，可从中总结出该产业的发展趋势。本文分析了近三年的年度热点文献，从图 5.12.7 中可以看出模切机的发展趋势是从数字化、自动化向智能化方向发展；同时发现，机器的工艺在不断更新，工艺创新和智能化是未来的发展主流。

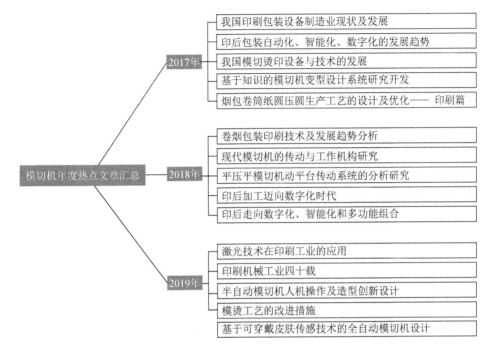

图 5.12.7　近三年中国知网收录的模切机热点文献

三、分析模切机专利申请人团队规模对申请人专利数量的影响

　　从佰腾专利网站检索专利申请数量在前 10 位的申请人并统计该其申请人团队的规模，经 SPSS 线性回归分析，分析模切机的申请人团队规模对专利数量的影响。模型因素表见表 5.12.3，模型数据拟合表见表 5.12.4，模型系数表见表 5.12.5。

　　统计模型的变量为专利团队规模，因变量（结果变量）为专利团队人数。表 5.12.4 中的 R 方为 0.858，专利团队规模和专利数量的拟合度为 85.8%，从中可以看出专利团队人数在很大程度上受专利数量的影响。表 5.12.5 中的显著性水平为 0.000，从中可以看出专利数量非常显著地影响着专利团队人数，且影响系数 B 为 0.487（大于 0），说明专利数量和专利团队人数正相关，专利数量越多，那么专利团队的人数就会越多。

表 5.12.3　模型因素

输入 / 除去的变量①			
模型	输入的变量	除去的变量	方法
1	专利数量②	输入	

①因变量：专利团队人数。

②已输入所请求的所有变量。

表 5.12.4　模型数据拟合

模型摘要①				
模型	R	R 方	调整后 R 方	标准估算的错误
1	0.926ª	0.858	0.841	6.775

①预测变量：（常量），专利数量。

表 5.12.5　模型系数

系数①					
模型	未标准化系数		标准化系数		
B	标准错误	Beta		t	显著性水平
1	（常量）	24.421	3.367		7.253	0.000
	专利数量	0.487	0.070	0.926	6.960	0.000

①因变量：专利团队人数。

四、结论与展望

从以上所列举的数据来看，2010 年以来，我国模切机的发展速度明显，专利数量较 2010 年每年都有很大提升，只在 2019 年出现了放缓的趋势。申请人团队规模位于前列的有上海亚华印刷机械有限公司、杭州康得新机械有限公司、安徽兰兮工程技术开发有限公司和青岛海刚烫印设备制造有限公司，相信在未来几年，这些企业将继续领跑行业。模切机的专利申请基本集中于企业，企业发展决定了模切机的发展。

许多中小企业研发团队的人数较少，资源较少，难以攻破多方面复杂的技术难题。人才也是决定企业发展的核心因素。另外，还应加强企业和院校、科研院所之间的合作创新。产学研结合不仅可以在很大概率上解决企业难题，而且还能增加研究人员的科研经历，增长见识，使研究人员与行业和机械更加融合。

模切机的新增授权专利数量下降，表明国家对专利的质量有了更为严格的标准。专利技术竞争优势的获取必须建立在高价值专利的基础之上。毫无价值或者价值很低的专利并不能产生竞争优势。自 2016 年年底，国家知识产权局着力实施专利质量提升工程，明确提出要以"高水平创造，高质量申请，高效率审查，高效益运用"为目标，全面促进高价值专利培育。现代机械产品的设计变得越来越复杂，在新产品设计过程中涉及的学科知识也越来越多。之前许多企业依靠资深技工师傅申请的专利大多是传统专利，这些传统专利已不能满足目前智能化的需求，需要经过专业训练的专业技术人员来改善升级机器，以此来申请最新的专利。相信通过智能制造技术与多方面信息技术的融合，会在很大程度上改善目前我国模切机的生产现状。

智能化的观念已深入人心，也被绝大多数人认定为未来的必经道路，智能制造将成为模切机发展的主流。我国印刷行业，尤其工人聚集的印后行业由于采取长期依赖人口红利的发展之路，导致转型升级极为困难。只有发展技术，才能改善印后生产劳动密集的现状，才能提高生产效率，才能缩小与发达国家的差距。积极地将生产设备与计算机融合，实现设备的智能化、车间的少人化，才是印后生产的出路，才是模切机的发展之路。相信未来几年设备的智能化会很快普及到各个企业，但光有设备的智能化还不够，还要有管理的智能化。要把设备智能化和精益管理相结合，要做到车间的生产从原料进入到产品出厂，生产链全覆盖地互联响应，形成真正的智能化、立体化生产,这才是印后机械产业的最终发展之路。

参考文献

[1] 王振樯，蔡旭 . 新形势下的智能制造发展展望与对策建议 [J]. 智能制造 ,2018(6):36-39.

[2] 旷景明，兰小筠 . 基于专利信息分析的创新技术预测方法综述 [J]. 情报杂志 ,2014(9):33-39.

[3] 王西珍，李言，成刚虎 . 模切机主切机构刚柔耦合动力学特性研究 [J]. 包装工程，2010,31(21):68-70+73.

[4] 李昌峰 . 榜单的力量：常见专利排行榜解析 [J]. 专利文献研究 ,2005,2(1):92-96.

[5] 刘玉琴，汪雪锋，雷孝平 . 科研关系构建与可视化系统设计与实现 [J]. 图书情报工作 ,2015,59(8):103-110.

[6] 耿武帅，齐元胜，王晓华，等 . 平压平模切机驱动机构创新设计及理论分析 [J]. 包装工程，2011，32（11）：61-64+71.

[7] 刘帅 . 自动模切机新技术的应用与发展 [J]. 印刷技术，2018（11）：16-20.

[8] 王晓光，程齐凯 . 基于 NEViewer 的学科主题演化可视化分析 [J]. 情报学报，2013，32（9）：900-911.

[9] 刘玉琴，逄金辉，崔志成，等 . 一种简易的技术主题图绘制方法 [J]. 图书情报工作，2017，61（13）：125-132.

[10]我国模切烫印技术发展历程 [J]. 印刷技术，2017（5）：51-53.

[11]汪庆，朱钦磊，杨芳 . 基于多维度专利指标分析的优势技术领域识别研究 [J]. 情报杂志，2020，39（1）：70-75.

[12]杨鑫超，杨伟超 . 专利价值评估体系分析研究 [J]. 科技创新与应用，2019（27）：71-74.

[13]蒲洪彬，郭涵，李伟光，等 . 基于 iSIGHT 的印刷模切机伺服配置设计研究 [J]. 机床与液压，2012，40（13）：41-44+61.

第六部分
印刷数智化技术应用探索与案例

6.1 智能机器人在印刷业的应用 [①]

"机器换人"是时代更迭的必然结果。印刷业一直被视为劳动密集型产业，但随着技术发展日新月异，在未来，机器必将完全智能化，且印刷车间或可实现"无人化"。

印刷业的智能化已在途中。现今的设备供应商不断追求效率与质量，智能机器人正好可满足这一要求，所以机器人的使用或将越来越普遍，但距"机器换人"还有一段路程。"机器换人"是时代更迭的必然结果。印刷业一直被视为劳动密集型产业。近年来，人口红利逐渐消失，提升自动化水平则成为发展的主要方向。而随着技术发展日新月异，在未来，机器必将完全智能化，且印刷车间或可实现"无人化"。下面从智能机器人的实际应用层面来分析其应用发展。

一、智能机器人应用现状

如今智能机器人的使用已经很广泛。前瞻产业研究发布的报告显示，2017—2020 年，全球的机器人销售量将从 34.6 万台增加到 52.1 万台，年均增长率为 15.35%。根据 IDC 预测，在全球机器人区域市场分布中，亚太市场处于绝对领先地位，预计其 2020 年支出将达 1330 亿美元，全球占比达 71%；欧洲、中东和非洲为第二大市场；美洲是第三大市场。近年来，我国各地发展机器人积极性较高，行业推广快速，市场规模增速明显。2017 年，我国机器人市场规模达到 62.8 亿美元，2020 年超过 100 亿美元。

---

① 作者：齐元胜、李思蒙、顾银平。

二、中国机器人市场规模

传统印刷企业以前采用人工搬运的模式来实现物品的周转，整体效率低，无法满足日益增长的出货要求。此后，叉车或为物料搬运设备中的主力军。但由于司机需要休息、叉车需要充电等诸多原因，传统叉车的实际工作效率不足 70%。如今，AGV 作为智能化的物料搬运设备，可在一两分钟内完成电池更换或者自动充电，实现 24 小时不间断作业，具有人工作业无法比拟的优势。近年来，由于 AGV 技术的发展与成熟，其市场价格已经降至与叉车接近的水平，故被越来越多地应用于印刷业物料搬运中。在印刷生产过程中，AGV 小车能让纸张（或其他承印物）、油墨、印版等印刷原材料，以及半成品、成品、废品等有序高效地流动；在印后模块，能完成半成品及成品的入库任务，有力地保证了各生产工序之间顺利衔接，大大缩短了产品生产周期，提高了生产效率。

三、3D 打印刷机"转身"机器人

3D 打印技术可以被称为是开创新世界的利器，可以广泛地服务于人类社会。凡是能用计算机建模生成的事物，3D 打印都能使其变为现实。比如，将模型参数设置成饭食参数，将打印材料换成食材，打印刷机即可做出一日三餐；将模型参数设置成身材三围，打印材料换成织物，则可实现衣着的个性化定制。根据国际数据公司（IDC）发布的数据，全球 3D 打印支出在 2022 年将达到 230 亿美元。而从论文发表数量来看，3D 打印是一个热门领域，其论文数量一直保持着增长趋势。

四、智能工厂建设路漫漫

随着"中国制造 2025"的推进，传统制造工厂转型智能制造工厂已成为中国工业发展的必然方向。早在 2014 年，德国便有印刷厂已基本建成了"无人车间"。从客户电子文件数据传输到数字印刷生产，印刷完成进入分切、折页、装订，再到打包，每包货单自动输送至发货区域，所有环节连接成了一条"全自动生产线"。一次走纸即出成品，而生产线仅有一个人操作。从某种意义上讲，这条生产线或系统也可以视作一台"机器人"。无论是德国的"工业 4.0"、美国的"工业互联网"、法国的"新工业法国"，还是"中国制造 2025"，都标志着智能制造在全球范围内快速发展，并已成为制造业的重要发展趋势。印刷业面临机遇的同时亦要面对挑战。虽然机器人在印刷业可应用的领域很多，但如何落地，还需业界人士共同努力，不断探索。

6.2　安徽新华印刷股份有限公司图书装订数字化生产线 ①

一、场景描述

图书联动生产线如图 6.2.1 所示。

场景构成：由配页机、胶订机、三面刀、分本堆积机、连线打捆机、检测设备、传送带、码垛机器人和边缘控制盒、边缘控制柜、中央操控台组成。将印刷折页后书帖装订成册、检测打捆、码垛。

意图目标：实时获取图书装订生产过程的数据，对数据进行分析，提高生产效率；与企业内部 ERP 等信息化系统链接，赋能企业生产；与印刷智能制造公共服务平台链接，建立印刷智造新生态。

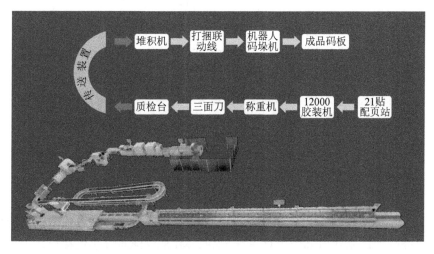

图 6.2.1　图书联动生产线

① 作者：齐元胜、杜万全。

二、组件架构

1. 通过模块化工艺设计、柔性化工艺布局、结构化设备选型、连线化协同控制建设，将生产线设备由离线独立工作变成连线协同工作模式

图书数字化生产线流程如图 6.2.2 所示。

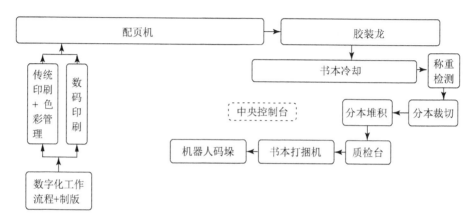

图 6.2.2　图书数字化生产线流程

2. 构建边缘控制系统，实现生产线设备与信息化系统的协同融合

通过边缘控制系统制定多源异构的通信接口协议，搭建生产线与信息管理系统的协同控制，建设具有数据传输连接、协议转换、反馈控制、简单实时分析、临时数据存储、实时监控预警和边缘计算功能的边缘控制系统，优化集成印企自有的工艺、生产和管理等专家知识库，进行数据实时分析，提高产线的柔性制造功能。

3. 基于企业流程化管理，构建印刷智能制造公共服务平台

内部信息化系统对接"印刷智能制造公共服务平台"，打造产业链和企业间的敏捷业务服务中心能力、模块化智能制造服务中心能力、通用数据服务中心能力。

三、交互机制

边缘控制盒与设备 PLC 链接，通过协议交换数据，经边缘控制柜清洗传输至中央操控台；企业内部信息化系统 ERP、MES 数据通过协议接口，与产线中央操控台实现相互数据贯通。设备数据、生产数据、指令数据在中央控制台实现数据流、控制流、业务流汇聚、相互关联。

设备层与边缘控制系统间信息交互示意图如图 6.2.3 所示，印刷智能制造公共服务平台架构如图 6.2.4 所示。

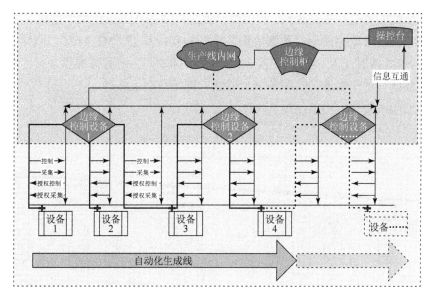

图 6.2.3　设备层与边缘控制系统间信息交互示意

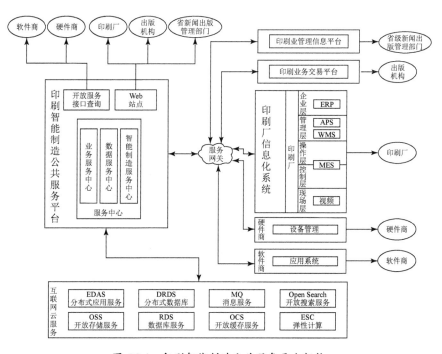

图 6.2.4　印刷智能制造公共服务平台架构

四、工作流程

以一批图书胶订生产为例，实现数字化生产线各加工机组生产数据、传输带、打捆线、机器人数据透明，数据协调，运行协同；基于"5G+MEC"网络，产线数据与 MES 实时交互，与 ERP 交互，为生产排成、生产管理提供决策；基于互联网，数据与智能制造公共服务平台联通，链接印刷生态链。

图书印刷智能制造系统架构如图 6.2.5 所示。

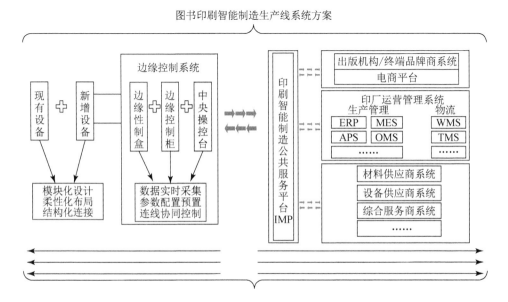

图 6.2.5　图书印刷智能制造系统架构

6.3　荣联汇智 LTE-U/5G 企业专网 [①]

一、场景描述

企业网架构如图 6.3.1 所示。

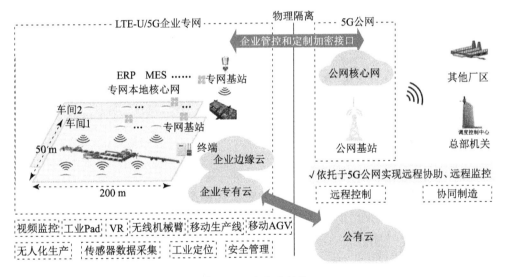

图 6.3.1　企业网架构

场景构成：由 LTE-U/5G 轻量化智能系统一体机（核心网）、LTE-U/5G 轻量化基站（无线网）和 LTE-U/5G 工业终端（接入端）及云端信令监控单元组成。

意图目标：通过电信级接入和空口技术、核心网元微型化本地化 & 边缘部署，高度适配智能制造、"工业 4.0"、智慧园区等生产需要，为产业互联网提供安全、稳健、移动性无线网络。

[①]　作者：齐元胜、周林斌。

二、组件架构

子模型描述机制：由 LTE-U/5G 轻量化智能系统一体机（核心网）、BOX CORE/EPC、LTE-U/5G 轻量化基站（无线网）RAN、LTE-U/5G 工业终端（接入端）CPE 和云端信令监控单元 NMS 组成等，如表 6.3.1 所示。

三、交互机制

LTE-U/5G 专网是在 3GPP 技术框架下的移动网络，采用 5.8G 非授权频段，无须企业专门向相关单位申请即可使用，无门槛无费用，自主可控。相较于传统通信设备更轻便小巧，成本更低，便于各种工业、行业场景安装部署。全下沉部署，信息在本地产生、本地处理，数据不出企业／园区。

注：3GPP 的目标是实现由 2G 网络到 3G 网络的平滑过渡，保证未来技术的后向兼容性，支持轻松建网及系统间的漫游和兼容性。3GPP 的主要职能是制订以 GSM 核心网为基础，UTRA（FDD 为 W-CDMA 技术，TDD 为 TD-SCDMA 技术）为无线接口的第三代技术的规范。

四、工作流程

网络支撑：使用 LTE-U/5G 基站和轻量化核心网组建专用网络，替代传统 Wi-Fi 网络，核心网采用主备方案，提升系统健壮性。

终端接入：使用 LTE-U/5G CPE 替代 Wi-Fi 终端，两种形态的产品：工业级防护 LTE-U/5G CPE，通过以太网连接控制台看板；融合工业接口 LTE-U/5G CPE，通过 RS232 接口连接作业计数器。

五、成果验证

测试验证方法一：核心网元 ping 终端

选取该客户某工厂已上线业务的 LTE-U/5G 终端和 Wi-Fi 终端，从核心网后台分别 ping 终端，终端结果统计如图 6.3.2 所示。相比较 Wi-Fi，LTE-U/5G 在时延方差、丢包率、高延迟有明显优势。

表 6.3.1　组件

	核心网一体机	无线网/基站	工业终端（接入Ⅰ型）	工业终端（接入Ⅱ型）
频率	支持所有LTE频段	Band 240（5735～5835MHz）；发射功率1W（2×500mw）；天线2T×2Rx，外部全向/定向（4-6dBi）	46/240（5150～5925MHz）；下行2CA intra or inter band，2×2MIMO，256QAM，256QAM 上行2CA or 2×2MIMO，64QAM 天线2Tx/2Rx	46/240（5150～5925MHz）；下行2CA intra or inter band，2×2MIMO，256QAM，64QAM 上行2CA or 2×2MIMO，64QAM 天线2Tx/2Rx
	峰值速率：1Gbps 支持基站：128站 最大用户：1000用户 业务端口：6×GE自适应电口 附带设备：24×GE交换机	峰值速率：空口下行300Mbps；上行50Mbps，回传1Gbps 覆盖范围：300米 最大用户：400用户 业务端口：2×GE电口+蓝牙	峰值速率：下行280Mbps；上行30Mbps（TDD Config 2） 业务端口：1×USB TypeC；2×SIM插槽（4FF NANO，双卡单待）	峰值速率：下行280Mbps；上行30Mbps（TDD Config 2） 业务端口：4×GE电口+1×RS232+1×RS485串口；2×SIM插槽（4FF NANO，双卡单待）；支持Wi-Fi；
	尺寸：275×230×89（mm） 重量：≈5kg 功耗：<300W 温度：-10℃～+50℃ 安装：机架、桌面安装	尺寸：270×274×73（mm） 重量：≈4kg 功耗：<75W 温度：-40℃～+55℃ 防护：IP65 安装：墙面、顶面吊装、架杆安装	尺寸：115×72×25（mm） 重量：≈360g 功耗：<8W 温度：-40℃～+70℃ 防护：IP67 安装：桌面、墙面与内置安装	尺寸：168×117×44（mm） 重量：≈750g 功耗：<14W 温度：-40℃～+70℃ 安装：机架、桌面、墙面与顶面吊装

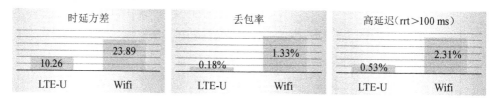

图 6.3.2 终端结果统计

测试验证方法二：机台数据采集服务端 ping 终端

从机台数据采集服务端 ping 终端的方式，如表 6.3.2 所示，LTE-U/5G 在成功率、平均 ping 用时、最长 ping 用时明显优于 Wi-Fi。用户反馈上线 LTE-U/5G 专网系统后，原先严重卡顿和数据堆积问题消失。

表 6.3.2 数据采集用时

	IP 地址	应答的 IP 地址	成功次数	失败次数	失败百分比	平均一次 ping 的用时	最短 ping 用时	最长 ping 用时
LTE-U/5G	10.20.0.37	10.20.0.37	5899	2	0.03%	22	11	326
Wifi	168.168.58.80	168.168.58.80	8993	463	4.90%	88	2	1420

注：上述数据来源汕头东风 C 厂 LTE-U/5G 试点项目连续三个月实测数据。

6.4 典型中外中小企业实施智能制造案例比较分析 ①

工业和信息化部出台的《智能制造发展规划（2016—2020 年）》中认为，智能制造是基于新一代信息通信技术与先进制造技术深度融合，贯穿于设计、生产、管理、服务等制造活动的各个环节，具有自感知、自学习、自决策、自执行、自适应等功能的新型生产方式。

让超互联技术为基础的制造设施变得智能化，增加产品和服务的价值和融合，将是目前非常关键的。制造业与 IT&SW/ 服务业 / 其他行业融合的扩散，以及 3D 打印和智能工厂的引入，使得低成本、高品种、灵活的生产成为一种新的制造范式。在这种情况下，美国、德国等制造业发达国家通过超互联技术产业 4.0 推动制造业创新，以解决当前制造业比重下降、生产人口下降、劳动力减少等问题生产力。

一、世界主要国家智能制造的政策

近年来，中国先后出台了《中国制造 2025》《积极推进"互联网 +"行动指导意见》《关于深化制造业与互联网融合发展的指导意见》《智能制造发展规划（2016—2020）》《关于深化"互联网 + 先进制造业"发展工业互联网的指导意见》等重大战略文件，为智能制造发展提供了有力的制度供给。在中国，2015 年国务院印发的《中国制造 2025》中提到"以加快新一代信息技术与制造业深度融合为主线，以推进智能制造为主攻方向"。

随着 CSF 的推出，韩国能够提高制造业的竞争力，如应对高工资和人口老龄化、建设高附加值的生产体系和创造高质量的就业机会。与工业革命相比，预计 CSF 将产生质的差异，而不是量的差异。德国已将 CSF 作为《高科技战略

---

① 作者：齐元胜、邵丽荣。

2020 行动计划》的一部分加以推广，该计划是软件和精密机械（如 SAP、西门子）行业 4.0（基于互联网的制造业务和服务）的基础。在韩国，针对"工业 4.0"，正在采取各种战略，"制造业创新战略 3.0"是韩国制造业全面升级的倡议。特别是韩国政府从 2014 年开始分销和扩建智能工厂，使制造业变得智能化。最近，政府不断努力建立 3 万个智能工厂。制造企业在建立智能工厂后的智能性分为五个级别：1 级（已识别）、2 级（已测量）、3 级（已分析）、4 级（优化）和 5 级（定制）。根据智能化水平，制造企业建立智能工厂以满足其流程和系统水平。在韩国，截至 2018 年底，约有 8000 家制造企业建立了智能工厂，但其中约 80%的工厂建立在基础层面，即 1 级或 2 级。尽管韩国目前正在进行智能工厂项目，但缺乏准确诊断希望建立智能工厂的公司水平的方法。

在瑞典，政府于 2016 年启动了一项关于"智能产业"的国家议程，指出瑞典的繁荣建立在创新出口公司的基础上，这些公司成功地更新了产品和生产。新型工业化战略包括四个方面："工业 4.0"、可持续生产、工业技能提升和试验台。此外，2016 年和 2017 年还分别启动了两项行动计划。许多国家和地区层面的举措都是由瑞典的不同组织制定和实施的，以加强数字化，例如战略创新计划 Produktion2030 和过程工业 IT 和自动化。一般来说，大型制造企业在产品、流程和商业模式的数字化发展方面都在进步，但也必须注意中小企业的数字化转型。

二、典型中小企业智能制造的实践案例比较

中小企业是智能制造的坚实力量。中国在智能制造上的独特优势主要集中在两个方面：首先是数据量，以设备自学习、自适应为代表的人工智能的背后，是对海量数据的高度依赖。诸如人脸识别、汽车自动驾驶、冰箱识别食物等，都需要生产大量可供计算机深度学习的训练数据，而中国人口数量和设备数量庞大，在样本数据的积累上有着天然的优势。其次是中国制造业企业的硬件设备和厂房较新，便于企业扩容增效，开展智能化改造升级。

中国"工业 4.0"典范之一的红领集团，利用标准化的编码和信息化手段，将上万亿的版型数据、技术工人的"量体裁衣经验"等信息拆解在工业化的流水线之中，实现了大规模标准化生产定制服装，为传统产业的智能化转型提供了可复制可推广的模式。中国智能制造标杆企业徐工重型，利用 ERP、CRM、MES 等系统监测采集大量生产数据，与上下游企业合作打造智能供应链平台，实现研、

产、供、销、服生产全生命周期可视可控，从制造产品转向提供全价值链服务。

在韩国，一家生产汽车发动机活塞的公司，目标是"制造业的卓越运营"。针对发动机活塞的特点，采用了尺寸精确控制的永久型铸造工艺进行批量生产。利用智能传感器、物联网和大数据分析，开发并实现了一个数字孪生模型，可以评估和预测生产率、物流和质量方面的错误。经过几年实施，质量问题下降26%，净利润增长 14%；另一个案例是 FaaS（Factory-as-a-Service）的微型智能工厂，被归类为"个性化服务制造"的应用。微型智能工厂是一个全自动化的制造系统，由 3D 打印刷机、后处理机、装配机、零件处理和装配操作机器人组成，为个人客户或初创公司生产小批量定制产品。

加速和支持瑞典中小企业数字化的国家举措之一是由瑞典经济和区域增长署资助的 Kickstart 项目，该项目由瑞典工程工业协会与工会 IF Metall 和瑞典工业协会内的一些合作伙伴密切合作管理创新体系。该项目是基于一个研讨会的概念，在每轮启动中，约有 10 家公司举行三次会议，从灵感部分开始，然后在小组中共同分享最佳实践，最后每个公司决定 1～3 个小型数字化行动，作为启动（或继续）数字化转型的一小步。2017 年 8 月，试点项目在九个地区开展了九次启动。目前，这一概念正在全国范围内推广，在名为 Kickstart 1000+ 的升级项目中，将进行 100 轮 Kickstart，以吸引来自制造业和其他行业的 1000 多家公司参与。目标是加快瑞典中小企业的数字化转型。

瑞典智能工厂的一个例子是斯堪尼亚，一家大型卡车、公共汽车和发动机制造商。斯堪尼亚基于精益的生产系统理念指出，公司应始终不断改进生产系统，使其更有效和高效。作为他们不断改进的努力的一部分，在数字化领域采取了不同的举措。一项倡议是建立一个智能卡车和公共汽车生产实验室。该实验室的目标是在一个地理位置调整、评估和示范生产和物流技术。该公司认为，需要在一个地点收集多种技术，以便能够展示和评估数字化的全部潜力。同时，它提供了测试多种技术组合和集成的可能性。目前，一个事件驱动的 IT 架构正在开发和评估中。协作机器人、汽车导向车、手动工具和各种传感器连接起来，能够实时控制设备和采集数据。此外，还连接了离线编程、可视化、仿真和控制的生产准备工具。这将在车间的数字化先行者、实体车间和车间的数字化孪生子之间创建一个闭环。到目前为止，该公司主要关注斯堪尼亚智能工厂金字塔的三个较低层次，即标准化、互联技术和数据收集，见图 6.4.1。斯堪尼亚现在的目标是金字塔中的更高层次也能够分析、预测和规定。

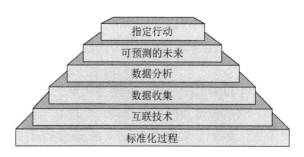

图 6.4.1　斯堪尼亚智慧工厂金字塔

三、结语

本文以几个典型国家为例，围绕智能制造，对几个国家的智能制造政策和中小型企业的具体实施进行了阐述。中国制造企业的能力参差不齐，情况复杂。要在智能制造转型升级中成功获取最大的价值，没有"万应灵丹"式的解决方案能够"包治百病"，只能基于公司个体能力与业务需求量身定制智能制造路径；韩国国家智能工厂倡议似乎更具目标驱动力，并侧重于发展中小企业的智能制造能力；而瑞典的国家倡议似乎更加多样化和分散，从而支持整个行业的智能发展。

参考文献

[1] Linyuan Fan, Liang Zhang. Multi-system fusion based on deep neural network and cloud edge computing and its application in intelligent manufacturing[J]. Neural Computing and Applications, 2021（prepublish）.

[2] Sungbum Park. Development of Innovative Strategies for the Korean Manufacturing Industry by Use of the Connected Smart Factory（CSF）[J]. Procedia Computer Science, 2016, 91.

[3] Ko Minjae, Kim Chul, Lee Seunghoon, Cho Yongju. An Assessment of Smart Factories in Korea: An Exploratory Empirical Investigation[J]. Applied Sciences, 2020, 10（21）.

[4] 费健斌，孙璐媛 . 推进标准化建设夯实企业智能制造发展基础 [J]. 中国标准化，2021（4）:72-76.